U0015341

成長勢能

做擅長的事，
擴大影響力與能力變現

任康磊 著

未來，是個人的時代

本書獻給

想要發展副業的人

自由工作者

獨立創業者

小團隊創業者

自媒體經營者

網路社群工作者

期待改變的上班族

所有渴望個體崛起的人

光是努力根本不夠，還要加上獨特的思考力

于為暢

資深網路人、個人品牌事業教練

「優秀的人，到哪裡都優秀。」

本書作者任康磊在書中說的這句話，很類似我自己常講的一句話「會成功的人，在哪裡都會成功。」就算不是馬上成功，也遲早會成功。誠如本書所述，網路上的「個人品牌大戰」競爭太激烈，我們自以為的「努力就會換得成功」早已過時。光是努力根本不夠，還要加上獨特的思考力。我特別喜歡作者在書中提出很多案例，提倡「逆向思考」的能力。很多時候，這個世界的運作都和大眾想得相反，唯有少數

的成功人士能思考透徹，看清全局，然後做出適當的行動，捉住那稍縱即逝的跳級機會。

縱使書中用的都是中國網紅的例子，也以中國億級人口為主要市場，但無損這本書的價值，我身為一位資深的網路人，同時涉獵行銷和心理學，長時間並且有策略地經營個人品牌，都仍覺得這本書很受用。一個人要想成功，必須扎下深層的根，根若強健，假以時日才得以開枝散葉。作者提出一個物理學的名詞叫「勢能」，指的就是儲存能量，並提出累積勢能的各種方向、策略、具體做法等等，是令人耳目一新的觀念，也是十分生動的比喻。光是這一章節就值得再三閱讀和內化。

再來談到商業變現，個人 IP 的同心圓模式也是完全命中，多位中國成功網紅在作者的分析下，被徹底拆解成人人可懂的詳細步驟，他們利用了什麼框架，把握了什麼機會，是時勢造了英雄，亦或是英雄造了時勢，可說是非常

精彩的一個章節。

這本書我非常喜歡，在經營個人品牌，或中小型事業的路上，它就像是一個籠罩每一面的大傘，提供你全方位的知識和方法，若能融會貫通，就會建立起強健的根基，從內部的自我認知到外部的市場策略，都能提供你明確的指引，不管你是不是做自媒體，都會讓你成為更優秀的人。

我真心推薦。

兩個許榮哲的成長火箭模型

許榮哲

華語首席故事教練

　　有句話是這麼說的：如果今日的你，不覺得昨日的你是笨蛋，就代表你一直走在老路上，沒有長進。

　　以前我覺得上面這段話太誇張了，但讀完《成長勢能》之後，我真真切切地感受到：昨日的我還真的是個笨蛋，但從今以後我不再是往日那個弱者了。

　　《成長勢能》這本書給了我太多能量，每一個章節都值得為它寫一篇推薦序（全書有 24 個章節），不信我就來證明給大家看。

　　常有年輕學子問我，老師你是怎麼成功的？

以前，我想到什麼就說什麼，就 A 啊、B 啦……，但看到《成長勢能》「加強思考力的火箭模式」這個章節之後，我立刻跟著書裡提到的方法，一一盤點自己身上的資源。

　　作者任康磊把人的成長動能用「火箭燃料」來譬喻，由下至上分別是：

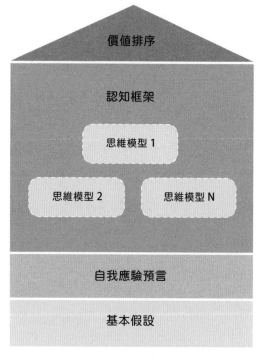

加強思考力的火箭模型

一、基本假設：一級燃料推進器，決定火箭能否升空。

二、自我應驗預言：二級燃料推進器，決定火箭能飛多遠。

三、認知框架（思維模型）：火箭本體和三級燃料推進器，決定火箭能飛多快。

四、價值排序：是頂端指揮艙，決定火箭飛往哪個方向。

「基本假設」決定你會不會升空，「自我應驗預言」決定你能飛多遠，「認知框架」決定你能飛多快，最後是「價值排序」，決定你飛往何方。

以上太抽象了，我們直接舉兩個人為例。

第一個是我本人許榮哲，另一個也是我本人許榮哲。

等等，是不是哪裡寫錯了？

沒錯，一個是現實世界的我，人稱「華語首席故事教練」，另一個是平行時空的我，「高

級知識酸民」。

先從平行時空的我，高級知識酸民開始，內建的火箭模式是這樣的：

一、基本假設

認為沒資源的人一定不會成功，所以農家出身的我，一定不會成功。至於檯面上那些所謂的成功人士，肯定都是靠爸一族，走後門。

二、自我應驗預言

從小到大，都認為自己平凡無奇，於是慢慢活成了無奇平凡。

三、認知框架（思維模型）

消極慣性思維：認為自己注定會失敗，無論如何努力都無濟於事，所以一點都沒有浪費時間在努力追求上。

四、價值排序

受傳統社會價值觀影響，認為萬般皆下品，唯有讀書高。然而都讀到博士畢業了，還不知道自己能幹什麼。

最後，平行時空裡的我，高級知識酸民，因為內建的火箭模式，一輩子從來沒有升空過，但又自視甚高，到處留言罵人。然而當你點進他的 FB、IG，嘩，這傢伙連個一起酸人的朋友都沒有，於是你終於釋懷了。

現在反過來，看一看現在現實世界的我，華語首席故事教練，內建的火箭模式是這樣的：

一、基本假設

「這個世界是你的，但你要伸出手去拿。」

世界上沒有不可能的事，只有不可能的人。帶著這樣的假設，我從理工研究所畢業之後，自費去上各種課程，世界因此開始轉向。就這樣，我從理工生，變成了編劇、小說家、電影導演。

二、自我應驗預言

我的座右銘是「相信自己是天才，比真的天才更重要」。

相信自己是天才，並不會變天才，但會因此生出勇氣和自信，如果每一次行動成功的機

率是 10%，失敗的機率是 90%，那麼願意嘗試 44 次的人，他的成功機率會超過 99%（1 − 連續 44 次失敗就是 $1 - 0.9^{44} = 0.9903\cdots\cdots$）。

就像書裡講的：如果有人堅信自己是螻蟻，那麼他就會活成螻蟻，而且會為自己找出很多合理的證據。如果有人堅信自己是老虎，他很有可能會活成老虎，就算最後沒有成為老虎，他也不會活成螻蟻。

三、認知框架（思維模型）

「人生最難的是機會，最簡單的是學習。」

隨時捕捉機會，隨地努力學習，兩者同時並進，人生的飛輪，就會迅速轉動起來。

舉個例子，當年中國大陸「羅輯思維」找我去開「故事行銷」工作坊。當年的我是故事高手，但卻是個行銷小白，幸好我的認知框架，引領著我先抓住機會，再展開瘋狂的學習。正因為如此，我才得以走向故事行銷之路，最後成了華語首席故事教練。

四、價值排序

「放大自己的天賦，珍惜自己的缺點。」

我的天賦是說故事，缺點是個性迷糊。當年那些讓我尷尬不已（或痛不欲生）的迷糊事，如今反倒成了我取之不盡的故事題材。以前的我很自卑，但如今的我，懂得自我揭露、自我嘲諷，沒想到竟意外成了最幽默、最受歡迎的講師。

以上就是兩個我的「個體成長」之「火箭模式」。

你想成為哪一個？

最後引用書裡的一段話，跟大家分享：

成功和失敗都會讓人成長，成功會讓人「長葉」，失敗會讓人「長根」。只有一件事不會讓人成長，那就是什麼都不做。

個體時代崛起，你準備好了嗎？

鄭緯筌

「Vista 寫作陪伴計畫」主理人

時序進入 2022 年下半年，困擾我們許久的疫情似乎露出了一點曙光，但是全球局勢依舊不容樂觀：俄烏戰爭持續開打，景氣尚未復甦，加上通貨膨脹伴隨熊市而來，讓大家的生活都感受到一股沈重的壓力，感覺快要喘不過氣來！

此刻，我正坐在民權東路與復興北路交叉口的星巴克，一邊俯瞰著車水馬龍的街景，一邊讀著這本書的書稿。往事一幕幕在眼前浮現，讓我想起了自己這幾年離開朝九晚六的上班族生活之後，如何在成為自由工作者的道路上匍匐前進乃至於倖存的經歷……

在這個時間點閱讀《成長勢能：做擅長的事，擴大影響力與能力變現》，感覺有些微妙，卻是再合適不過了！一來得感謝出版社選中這本好書引進台灣書市，二來也覺得這本書應該可以給很多年輕朋友一些指引，至少可以讓大家少走彎路。

你也許想問，為什麼現在適合看這本書呢？道理很簡單，正所謂「危機就是轉機」，當下無疑是個體崛起的最佳時間點，重點是你準備好去掌握這個契機了嗎？

看到本書作者任康磊給想要成為自由工作者或自行創業的朋友的三個建議，我也深有同感。

很多人嚮往自由工作者或創業家的工作，以為可以兼顧時間自由與財務自由，但如果我們只看到別人風光的一面，很容易就會忽略對方過往不為人知的辛苦耕耘與累積。正所謂「台上一分鐘，台下十年功」，過往的累積決

定了你是否能微笑到最後。

　　而輸入與輸出，其重要性自然也不待多言。我時常鼓勵我的寫作課學員要多輸入與輸出，不要全盤吸收網路上的資訊，而是要多從報章雜誌、廣播以及人際互動中取材，並且經過思辨之後，把自己的想法組織成有價值的觀點，再以圖文影音等方式有系統地輸出。

　　至於規劃，這也很重要。如果你無法學會盤點資源與自我定位，也就很難從競爭激烈的職場中脫穎而出。

　　整體而言，無論你想創業，或者想當一名自由工作者，甚至只想偶爾做點副業，我都很樂意向你推薦《成長勢能：做擅長的事，擴大影響力與能力變現》這本好書。

　　讓我們一起努力，讓自己更有價值，進而獲得更高的收入與更美好的生活！

實現個體崛起，
一個人活成一個團隊

我從事管理顧問工作後，企業管理者最常問的問題是：「如何提升員工的忠誠度，進而讓員工有責任感？」

我說：「提高員工的薪資。如果員工的價值是年薪 50 萬元，你給他年薪 100 萬元，多出的 50 萬元就是『買』員工的忠誠度和責任感。」

有的企業管理者會說：「如果這麼簡單，那我為何還要花錢向你諮詢？」

我說：「我就是讓你認清這個真相，別抱幻想。」

追根究柢的企業管理者會說：「你說的可靠嗎？你能舉出哪些企業是透過提高員工薪資來『買』員工的忠誠度和責任感嗎？」

我說：「很多，中國有華為、阿里巴巴、騰訊……美國有 Google、蘋果、臉書……」

我反問：「你能舉出哪些企業降低員工薪資，員工依然有較高的忠誠度和責任感嗎？」

企業管理者：「……」

拋開幻想，去偽存真，才是有用的「真管理」。經營管理如此，個人的成長與發展也如此。我們只需要看一些心靈雞湯和成功學的書，就能崛起並達到財務自由嗎？當然不能。我們要採取實際行動才有可能實現個體崛起。此外，心靈雞湯和成功學本身也並不能真正支持個人的成長。

這本書可以有兩種寫法：一種是花費大量時間，提供充分的事實進行論證和邏輯推演，配合有價值、有工具、有方法論、有應用場景的內容；另一種是選些常見事物，透過幾個修飾過的生活故事，從常人想不到的角度得出感悟，讓讀者看了之後如醍醐灌頂，大呼：「我怎麼沒想到還能從這個角度理解？」比較這兩種寫法，第一種反而顯得索然無味。

第一種寫法樸實無華，聚焦於解決實際問題；第二種寫法另闢蹊徑，重點在於讓人驚嘆。但問題是，驚嘆之後，有什麼用？該怎麼做呢？這類「驚嘆指數」高的內容多了，讓人不再是為了學習而閱讀，而是為了「找亮點」而閱讀。

為了確保本書的內容真正有用，我在寫作時，從頭到尾都以問題為導向，全力避免這本書只提供「爽感知識」。我是個實用主義者，也抱持著實用主義精神在寫這本書。本書的內容結合了我的成長經歷，也結合很多網路上知名個人 IP 的真實經歷，具有比較強烈的現實意義和實用價值。

　　這本書能解決什麼問題？

　　看過目錄的你應該能感受到，本書是以問題為導向而展開。整本書旨在解答幾個核心問題：網路時代，個人如何成長與發展？個體如何崛起？如何獲得更高的收入？如何讓自己更有價值？如何透過副業賺錢？如何讓自己所有的努力都是「為自己工作」？一個人如何做到需要一個團隊才能做到的事？

　　未來一定是個體的時代。

　　根據勤業眾信聯合會計師事務所發布的《2019 全球人力資本趨勢報告》數據，非傳統勞動力已經成為一種主流，非傳統勞動人口數在全世界快速增加。

　　本書絕不是鼓勵所有上班族都透過副業賺錢、成為自由工作者或自行創業，而是為有這類想法的讀者提供工具和方法。從長期來看，有這類想法是對的，因為職場發展總有上限，而副業、自由業和自行創業則沒有上限，只要在商業世界中準確找到自己的價值，你就有無限的可能性。

透過副業賺錢、成為自由工作者或自行創業的本質是提升個人價值，增加自己在單位時間內的市場價值。但過程中，可能會因為方法不當而經歷一段撞牆期。本書就如何避免與平穩度過撞牆期，提出相應策略。

如果你還沒開始透過副業賺錢、成為自由工作者或自行創業，那麼在開始前，我有三點建議。

1. 累積

透過副業賺錢、成為自由工作者或自行創業都是把自己交給市場，讓市場檢驗自己的價值，和上班的邏輯完全不同。市場講究的是市場規則，看的是競爭力，因此，如果沒有一定的累積，千萬不要輕易把自己扔向市場，這樣通常很難在市場上立足。

2. 輸入

要增加個體在市場中的競爭力，持續學習、終身學習是必須的。要獲得流量，要創造價值，個體免不了要輸出內容，這裡所說的內容具體表現為產品或服務。輸出必然意味著消耗，如果只有輸出，沒有輸入，就是「吃老本」，可能很快就會出現內容枯竭。

3. 規劃

進入市場的個體，相當於一個微型企業，如果還有一個

小團隊跟著你，那營利的擔子會更重。這時候一定要做好規劃，要有目標意識。長期可以看夢想，短期就要看目標。長期的夢想愈宏偉愈好，短期的目標愈具體愈好。

學習究竟應該學什麼？學習學的其實不是知識本身。把學習二字拆開來看，是學「基於待解決問題的相關知識」，習「對知識的深度思考和應用的能力」，這才是學習的「核心內容」。

希望本書能幫助你在網路時代實現個體崛起，一個人活成一個團隊。

祝福你能夠學以致用，有更好的學習與發展。本書若有不足之處，歡迎批評指正。

本書內容及結構

本書分為 7 章，每章聚焦一個核心主題。

第 1 章 個體崛起

本章解析網路時代個人崛起需要具備的三大核心能力，即競爭力、思考力和行動力。與競爭力相關的內容包括：如何尋找和增加競爭力、如何在成熟市場崛起、如何在中小城市崛起、如何使競爭力最大化；與思考力相關的內容包括：如何突破思維局限、如何實現你的想法、如何找到問題根源、如何應對目

標糾結；與行動力相關的內容包括：如何心無旁騖地做事、如何解決行動力不足的問題、如何應對拖延問題、如何解決沒有自制力的問題。

第 2 章 累積勢能

本章共分三個部分。第一個部分介紹勢能如何實現價值轉化，包括：如何透過勢能變現、如何有效累積勢能、如何防止勢能耗損；第二個部分介紹如何獲得勢能，包括：如何搭建勢能、如何借助勢能、如何交換勢能、如何應用多維勢能；第三個部分介紹人際關係圈，包括：如何建立人際關係、如何應用人際關係、如何管理人際關係、如何獲得人際關係。

第 3 章 商業模式

本章介紹四種個體可選擇的商業模式。第一種為同心圓模式，包括：同心圓模式的商業邏輯和應用、直播電商和知名財經作家吳曉波的同心圓模式；第二種為搭檯子模式，包括：搭檯子模式的商業邏輯和應用、資深媒體人羅振宇的搭檯子模式；第三種為金字塔模式，包括：金字塔模式的商業邏輯和應用、「樊登讀書」的金字塔模式；第四種為生態位模式，包括生態位模式的商業邏輯和應用、美食影片製作者李子柒的生態位模式。

第 4 章 選擇定位

本章共分三個部分。第一個部分介紹如何進行領域定位，包括：網路還有成名機會嗎、如何找到有價值的定位、如何選擇定位；第二個部分介紹如何進行功能定位，包括：如何正視弱點、如何區分功能定位的屬性、如何找到適合自己的功能定位；第三個部分介紹如何選擇與管理合作對象，包括：合作對象可能出現的問題、選擇合作對象以及與合作對象談判要注意的事情。

第 5 章 持續成長

本章共分四個部分。第一個部分介紹倍速成長的方法，包括：如何達到倍速成長、如何快速學習經驗；第二個部分介紹指數型成長的方法，包括如何解決成長緩慢的問題、如何達到指數型成長；第三個部分介紹跳躍式成長的方法，包括：如何解決成長瓶頸問題、中國網紅 papi 醬的跳躍式成長、如何達到跳躍式成長；第四個部分介紹運用槓桿成長的方法，包括：沒有資源時怎麼辦、如何用槓桿撬動個人成長、如何用槓桿撬動時間資源。

第 6 章 變現方法

本章共分四個部分。第一個部分介紹流量變現，包括：流

量變現的誤區、維持流量持續成長的方法、流量變現的方式、流量變現要注意的事;第二個部分介紹黏著度變現,包括:直播變現的原理、黏著度變現的邏輯、如何增加粉絲黏著度、黏著度變現需要注意的事;第三個部分介紹知識變現,包括:知識變現的困局、如何應對知識變現沒有效果、知識變現未來怎麼走、面對企業客戶,知識如何變現;第四個部分介紹變現行動,包括:投入前應思考的事、如何設計變現漏斗結構、如何解決行動力不足的問題、如何突破思想的限制。

第 7 章 個人品牌

本章共分三個部分。第一個部分介紹建構個人品牌的典型誤區,包括:認為有流量就有個人品牌、認為斜槓青年就是個人品牌、認為專家身分就是個人品牌;第二個部分介紹建構個人品牌的三個關鍵,包括:如何解決問題、如何設計產品、如何實現差異化;第三個部分介紹寫作是建構個人品牌的最好方法,包括:一般人如何透過寫作「逆襲」、如何選擇寫作形式、如何養成持續寫作的習慣。

第*1*章 個體崛起

01 增加競爭力的本質是將分母變小　**040**

> 個人崛起，競爭力從何而來 *040* ● 成熟市場，如何找到機會 *044* ● 中小城市，是否限制個人發展 *047* ● 相同努力，如何使競爭力最大化 *050*

02 加強思考力的火箭模型　**054**

> 想不通時，如何突破思維局限 *055* ● 有想法時，如何具體實踐行動 *059* ● 有問題時，如何找到問題根源 *062* ● 想法糾結時，如何聚焦核心 *066*

03 行動力就是變現能力　**069**

> 如何心無旁騖地做事 *069* ● 行動力不足，怎麼辦？ *072* ● 有拖延問題，怎麼辦？ *076* ● 自制力不足，怎麼辦？ *079*

第 *2* 章

累積勢能

第*3*章 商業模式

第*4*章

選擇定位

第5章 持續成長

第 **6** 章

變現方法

第7章 個人品牌

第 1 章

個體崛起

　　網路時代，人人都可能迅速崛起，但這不代表個人崛起比以前容易。要實現崛起，個體需要具備競爭力、思考力和行動力這三大能力。競爭力決定商業價值，思考力決定能走多遠，行動力決定變現能力。只有獲得競爭力、培養思考力、打造行動力，才有可能真正實現個體崛起。

01 增加競爭力的本質是將分母變小

▮▷如何增加競爭力？在分數中，分數線上方的數字是分子，下面的數字是分母。分數的位置排列完美詮釋了商業世界的競爭。把分子設為 1 來代表個體，而分母則代表個體所在的同類項目競爭者。正常情況下，分母愈大，分數的值愈小，代表競爭力愈弱；分母愈小，分數的值愈大，代表競爭力愈強。因此，增加競爭力的本質，就是不斷將分母變小。◿◢

個人崛起，競爭力從何而來

先提個問題，網路真的讓個人崛起變得更容易嗎？

答案是沒有，網路只是給了個人崛起的機會，但並沒有讓個人崛起變得更容易。

美國知名藝術家安迪・沃荷（Andy Warhol）曾說：「In the future, everyone will be world-famous for 15 minutes.」（在未來，每個人都有 15 分鐘的成名機會。）他認為，未來成名的成本會愈來愈低。因為網路提高了資訊的傳播效率，進一步降低成名門檻。

美國傳媒學家約翰・蘭格（John Langer）曾在 1998 年出版的《小報電視》（*Tabloid Television*）寫道：「15 minutes of fame is an enduring concept because it permits everyday activities to become great effects.」（15 分鐘成名法則是一個經久不衰的概念，因為它能讓普通的日常事件產生

巨大影響。）

在如今的網路社會，這條 15 分鐘成名法則離每個人愈來愈近，似乎一般人要成名比以前更容易了，但事實真是如此嗎？網路讓每個人成名的門檻降低了，大量同領域的競爭者都湧入網路，期待借助網路成名，那為什麼成名的那個人會是你？

網路打破了原本由資訊不對稱所引起的不完全競爭局面，將所有同領域的競爭者拉入完全競爭中，進而呈現出「馬太效應」（Matthew Effect，即贏者全拿）。例如，電商出現前，大家需要到線下的實體書店買書，因為距離問題，買書可能不會到多家書店比價。電商出現後，大家可能會在幾大電商平台找到網路最低價再購買。這就讓具備價格優勢的商家擁有明顯的競爭優勢，進而獲得更多顧客。當然，價格只是競爭力的一個層面。

在網路時代，個體崛起並沒有變得比以前更容易，反而變得更難。因為網路給了每個人相同的機會，誰都可能借助網路樹立個人品牌，獲得大量粉絲。如今想在某個領域成名，反而需要擁有更強的競爭力。

對於個體而言，要在完全競爭的網路世界崛起，一定要準確找到增加競爭力的方法。想加強競爭力，可以參考競爭力的公式，如圖 1-1 所示。

$$競爭力 = \frac{1}{最小同類項目}$$

圖 1-1　競爭力的公式

在競爭力的公式中，分子代表個體，分母是個體所在的同類項目。增加競爭力的本質，就是不斷將分母變小，即縮減同類項目。

什麼是同類項目？如何縮減同類項目呢？

截至 2020 年 9 月，全球大約有 76 億人，我們每個人都是 76 億分之 1。

此時的 76 億地球人，就是同類項目。這個同類項目顯然不具備任何競爭力，因為這個星球上的任何一個人都可以說自己是 76 億分之 1，這樣無法表現優勢和獨特性。

而在中國約有 14 億人，此時的 14 億中國人，就是同類項目，說自己是 14 億分之 1 的中國人顯然比說自己是 76 億分之 1 的地球人更有競爭力。

但是即便如此，顯然也不具備任何競爭力，因此需要繼續縮減同類項目。

這時可以用學歷劃分，還可以用學校、專業、是否為留學生等來劃分。此外，還可以用職業、證書、能力等來劃分。獨特的形象、專精的手藝、特有的角度等也都可以作為劃分同類項目的標準。

例如，根據清華大學中國科技政策研究中心發布的《中國人工智能發展報告 2018》中的數據，中國的 AI 人工智慧企業數量為全球第二名，投融資金額為全球第一名。美國 AI 人工智慧傑出人才投入量累計為 5,158 人，占全球總量 25.2%；中國 AI 人工智慧傑出人才投入量累計為 977 人，全球排名第六。

對中國這 977 位 AI 人工智慧傑出人才而言，身為 977 分之 1，其競爭優勢非常明顯。可以預見在未來很長一段時間內，這些人的身價會維持在較高水準。這正是競爭力優勢帶來的個人價值溢價。

按照這個邏輯推演，如何獲得最強的競爭力？

如果能讓分母的同類項目趨近於 1，就能在某個領域獲得最強的競爭優勢。也就是說，成為某個領域的唯一，是獲得最強競爭力的方法。如

果無法成為唯一，至少也要成為某個領域的頂尖，這樣才能在這個領域中立足。

傳統商業世界中，有個「127法則」，是指幾乎所有的產業，都是頂尖的10%賺錢，中間的20%持平，剩下的70%陪跑。網路加速了資訊流通，擴展了大家的認知邊界，減少了資訊的不對稱。但很多與網路相關的商業模式比「127法則」還殘酷，不是頂尖的10%賺錢，而是只有頂尖的1%賺錢，剩下的99%陪跑。

明白這個問題後，我們會發現增加競爭力的第一步不是埋頭學習，不是死命努力，更不是盲目堅持，而是先好好選擇領域、找對賽道，在自己最具獨特優勢的領域中深耕，力圖成為這個領域的頂尖。如果目前沒有獨特優勢，所選領域的同類項目基數依然很大，那麼就要選擇一個面向進行單點突破。

我在成為人力資源管理專家個人IP之前，市場上早有很多管理專家和業界名師。我雖然有《財星》世界500強人力資源總監的標籤，但粗略估算，中國擁有這個標籤的人超過三萬名，其中意圖個體崛起的也不在少數。三萬分之一，競爭優勢並不顯著。

怎麼辦呢？

我的策略是透過出書和做線上課程提升競爭力。

1. 我出版了二十多本書，是中國人力資源管理領域出書量的冠軍。

2. 我的書籍銷量超過三十萬冊，是中國人力資源管理領域銷量的冠軍。

3. 我的付費線上課程播放量超過一百萬人次，免費線上課程的播放量超過五百萬人次，據統計，是中國人力資源管理類別線上課程播放量的冠軍。

三個冠軍讓我在中國人力資源管理領域的同類項目成為頂尖，於是

我在人力資源管理領域擁有非常強的競爭力。

成熟市場，如何找到機會

許多領域已經有頂尖 IP 存在，那麼在競爭異常激烈的成熟市場，如何找到機會？如何在成熟市場增加競爭力？

流行音樂市場一直是競爭異常激烈的成熟市場。請思考一個問題：如果你是一位創作型歌手，在沒有大牌經紀公司包裝、沒有雄厚資金進行宣傳、沒有名人背書的情況下，應該怎麼做才能擁有頂級歌手的影響力？

說一個我的經歷。在我的老家，機場與市區間沒有地鐵，大多數人去機場會選擇三種交通方式：第一種是搭乘大眾交通工具，第二種是自己開車，第三種是招計程車或用叫車 App 叫車。我比較喜歡用叫車 App，因為價格公道，而且可以在家門口接送，方便快捷。

由於工作原因，我往返機場頻繁，時間久了，見識了形形色色的司機。漸漸地，這些司機在開車過程中聽的音樂引起了我的注意。我是聽流行音樂長大的，這個習慣一直都在，自認為主流音樂都聽過，歐美主流歌手和樂團也知道不少。但是在往返機場的一個半小時車程中，有些司機聽的歌我竟然從未聽過。

若是個案我不會在意，畢竟每個人的喜好不同。有意思的是，大多數司機聽的歌我都沒聽過，而且這些音樂具備高度相似性。有的司機聽的是原創歌曲，有的是翻唱歌曲，曲風包括中國風、DJ 舞曲，還有一些是獨具鄉土特色的歌曲。

出於好奇，我開始搜尋他們聽的這些歌是誰唱的。結果出現楊小壯、劉大壯、子堯、半噸兄弟……都是我沒聽過的歌手，於是我向司機請教

這些歌曲和歌手的來歷。

司機見我不知道，覺得很詫異，問我是不是從來不聽歌，怎麼會連這些都沒聽過？怎麼會連這些歌手都不知道？我當時內心深感崩潰，開始懷疑是不是錯過了什麼。雖然我年紀大了，但放鬆時也經常聽最新的流行音樂，我確實沒聽過這些歌。

司機說這都是他聽 QQ 音樂排行榜，然後逐一下載的歌曲。司機界很多人都是這樣聽歌的，有時候還會交換歌單，發現別人有自己沒聽過的歌，就記下來再去下載。而且他對這些歌手如數家珍，因為每天聽著他們的歌，也開始熟悉這些歌手。

奇怪了！我也經常聽 QQ 音樂排行榜上的歌曲，怎麼從未聽過這些歌？後來有一天，我仔細觀察了 QQ 音樂排行榜。原來它有個「特色榜」，其中「網路歌曲榜」的當日播放量是 990 萬次。

我點擊進去，發現榜單中基本上都是司機聽的歌，而且這些歌手的名字，我聞所未聞，而我經常聽的主流樂壇最新熱播歌曲歸類在「地區榜」，其播放量遠於低於「特色榜」。

有意思的是，在 QQ 音樂排行中，「地區榜」排在「特色榜」前面。也就是說，打開 QQ 音樂的排行榜，用戶最先看到的是「地區榜」，向下滑動才能看到「特色榜」。我不禁感嘆，自己真是見識短淺、孤陋寡聞。

我明明是隨著中國網路發展演化成長的一代人，卻忽略了流行音樂中還有網路歌曲這樣一個重要分支。早在 2001 年，就有非常受歡迎的網路歌曲《東北人都是活雷鋒》；從 2002 年到 2004 年，《丁香花》、《回心轉意》、《老鼠愛大米》、《兩隻蝴蝶》、《2002 年的第一場雪》等網路歌曲紅遍大江南北。隨著這些歌紅起來的，還有網路歌曲這個分類。

截至今日，網路歌曲早已成為華語樂壇不可缺少的重要元素，在中

國擁有不輸主流音樂的聽眾和不俗的播放量，而我卻渾然不知。我看過這樣一段話：「在中國，無論你認為一件事多麼人盡皆知，都至少有幾億人還不知道。」

我當時看到這段話時並不覺得有什麼，對此深有體會，還是我對網路音樂有了新的認識後才有的。這段話反過來想，也許更有價值。無論一個領域發展得多麼成熟，競爭有多麼激烈，我們也總能找到機會。這裡的機會不只來自市場成長，也來自既有的市場存量。

找不到機會，很可能是因為我們的視野局限於主流範圍內，只顧盯著競爭已經白熱化的部分。不要小看任何一個領域，許多被人忽略的小眾市場，可能蘊藏著巨大機會。在競爭已經白熱化，甚至呈現出少量巨頭贏者全拿現象的市場中，我們依然可以找到機會。

想要在競爭異常激烈的成熟市場崛起，就要學會運用「錯位競爭」（Dislocation Competition）策略。所謂錯位競爭，是指進入某個領域時，不要直接參與這個領域肉眼可見的白熱化競爭，而是避開主要衝突，避開同質化，依據自身獨特的優勢另闢蹊徑，讓自己從不同面向參與原本的競爭。透過錯位競爭改變競爭格局，進而獲得競爭優勢。

我在人力資源管理領域的競爭，就採用錯位競爭策略，我之所以選擇從圖書和線上課程市場突破，正是因為很多人力資源管理專家只關注線下實體課程市場，只在某個範圍擁有很好的口碑和很強的影響力。圖書和線上課程的優勢，則能讓我避開線下實體課程市場的正面競爭，進而形成競爭優勢。

回到前面提到的問題，原創歌手除了透過網路音樂這個管道崛起，其實還有很多錯位競爭的方法。例如在 2020 年中國的綜藝節目《脫口秀大會第三季》中，資歷尚淺的王勉以音樂脫口秀的獨特形式獲得冠軍。

節目評審說：「音樂脫口秀在世界上非常罕見。脫口秀是舶來品，在中國起步較晚，中國的脫口秀有很多方面要向國外學習。如果中國的脫口秀能向國外輸出什麼，那很有可能就是王勉的音樂脫口秀。」

許多參與比賽的脫口秀演員說：「王勉不是在和他們比賽，而是在和自己比賽。王勉只要正常發揮，講傳統脫口秀的選手誰也比不過他。」節目上，一些明星紛紛表達希望與王勉合作。王勉用「音樂＋脫口秀」這種形式，不只讓自己獲得錯位競爭的優勢，也為自己創造了一片「藍海」。

中小城市，是否限制個人發展

常有朋友問：我在小城市，怎麼和大城市的人競爭？

在中小城市真的無法崛起嗎？在大城市，真的更容易成功？城市規模對個人的成長與發展，到底有多大的影響？

我認為個體崛起不能說與所在的城市毫無關係，但至少關聯不大，就算有關聯，城市也一定不是首要影響因素。

股神巴菲特（Warren E. Buffett）住在哪裡呢？他住在美國中西部內布拉斯加州奧馬哈市（Omaha, Nebraska）。這是他的出生地，也是長期居住的城市，在美國的地位相當於中國的五線城市。

巴菲特為什麼要住在奧馬哈市呢？他解釋原因是住在那裡不用擔心塞車，能節省時間，進而提高工作效率。在美國紐約或洛杉磯這類大城市工作，每天因塞車所浪費的時間動不動是兩個小時。巴菲特的控股公司波克夏‧海瑟威（Berkshire Hathaway）的年度股東大會都在奧馬哈市舉辦。

每年全世界金融產業的人都懷著崇拜之心前往奧馬哈市參加這個大

會。很多畢業於名校金融科系、土生土長的美國人，認為能親眼見到巴菲特是一件萬分榮幸的事。但當他們聽說大會舉辦地點在奧馬哈市的時候，很多人根本不知道那是哪裡。

不只在美國，世界各地有許多成功企業家都不是從大城市起家，他們的財富累積也不源自於大城市，有的企業家也不長住在大城市。出於一些需要，他們可能會把公司總部或分公司設在大城市，但本人並不常出現在大城市。例如阿里巴巴的總部在杭州，中國最具規模的玻璃生產廠商福耀玻璃的總部在福州，知名辣椒醬老乾媽的總部在貴陽。

所謂大城市鄙視小城市的城市鄙視鏈根本不重要，食物鏈才重要。生物世界的食物鏈是指大魚吃小魚，商業世界的食物鏈是指商業生態環境中的強者「吃」弱者。食物鏈和地理位置沒關係。站在食物鏈頂端的人需要在大城市維持自己處於食物鏈頂端的地位嗎？當然不需要。位於食物鏈末端的人到了大城市就能站在食物鏈頂端嗎？恐怕不見得。

例如，一隻擁有基本生存技能、生活在非洲大草原上的獵豹，有一天突然被帶到美國黃石公園（Yellowstone National Park），牠會變成一隻鹿嗎？不會！適應新的環境需要時間，但捕獵者終究是捕獵者。如果一隻鹿也生活在非洲大草原上，有一天突然被帶到美國黃石公園，牠會變成一隻獵豹去捕殺別的鹿嗎？不會！牠還是一隻鹿。

無論獵豹或鹿，牠們從非洲大草原（中小城市）來到美國黃石公園（大城市），地理位置的變化不會讓牠們的生存技能發生本質變化，也不會改變牠們在食物鏈中的位置。這就是很多人在小城市無法發展，到了大城市依然無法發展的原因。

許多時候，生存與發展是互相矛盾的，過分追求生存，反而容易忽略發展。例如有些人迫於生計，做著自己不喜歡的工作，壓抑自己的夢想，

用時間換薪資。大城市雖然整體薪資水準比小城市高，但生活成本和工作壓力也比小城市大得多，個體雖然在大城市擁有較高的薪資，但要花大量時間解決生存問題，反而在無形中忽略了發展問題。

當然，請不要誤解，我並不是說大城市不如小城市。我的意思是城市並不是個體要考慮的第一要素。如何提升自己在食物鏈中的位置，找到最適合自己的生態位（Ecological Niche），才是個體要考慮的第一要素！如果沒想清楚這個問題，去了大城市反而會更迷茫。

我在上海和山東威海都有公司，平時兩地跑，但我大多數時間喜歡待在威海，理由和巴菲特選擇居住在奧馬哈市類似，因為威海環境好、空氣好、不塞車。而與我合作的單位、服務的平台，幾乎都在北京、上海、廣州、深圳等大城市。

但是地點所在並不會影響我和一流的資源交流合作，資訊科技能讓我的團隊分布在各地，網路和發達的物流能讓我的書籍、線上課程、線下課程、諮詢服務等產品觸及任何城市。時間才是我最寶貴的資源，是我產生價值的基礎，因此我不會去大城市讓每天的塞車浪費我的資源。

有句話我很贊同：「優秀的人，到哪裡都優秀。」翻譯過來就是：「位於食物鏈頂端的人，到哪裡都處在食物鏈頂端。」

網路影片創作領域的競爭早已白熱化，從影片平台到影片創作者都承受著巨大的競爭壓力。如何在影片創作領域脫穎而出？一定要到大城市才能做到嗎？不是。看看中國大陸美食影片創作者李子柒，她憑藉極具田園氣息和返璞歸真感的影片，讓自己成了「一股清流」，成了影片創作領域的頂尖 IP。

在影片創作領域的極度競爭的情況下，李子柒反其道而行，回歸鄉土，找到屬於自己的小眾市場，把中國傳統文化的諸多元素融入影片中，

不只彰顯傳統文化，而且把這種文化輸出到國外，讓外國人也讚嘆不已。李子柒離開大城市，到了鄉村，卻站上影片創作這條食物鏈的頂端。

相同努力，如何使競爭力最大化

為什麼付出相同時間、相同努力，有的人能迅速成為領域內的佼佼者，有的人卻幾乎沒有進步？快速成長的人如何獲得競爭力？應該如何增加單位時間創造的價值？

我到過中國各地城市，發現了一個有意思的現象：「磨剪子嘞，戧菜刀」的吆喝聲無論南方北方、無論當地口音如何，音調幾乎相同，而「收破爛嘞」這句吆喝即便是在同一個鄰里，不同人喊出來的音調也各有不同。這讓我不禁思考為什麼會這樣？

論市占率，磨剪子和戧菜刀這兩個產業在收破爛產業面前，根本不值一提。難道磨剪子和戧菜刀這一行跟唱京劇或說相聲類似，有祖師爺，要拜師學藝，要傳承手藝，所以才會有標準化的吆喝聲？

有一次聊起這個話題，一位非常年長的前輩解答了我的疑惑。他說這件事的緣由應該是中國文化大革命的樣板戲《紅燈記》。

《紅燈記》中有個人物，用磨剪子、戧菜刀的身分做掩護，「磨剪子嘞，戧菜刀」這聲吆喝是他的經典台詞，其腔調正是全中國現在通用的版本。其實，電影《霸王別姬》中有個不起眼的橋段也有這樣一句相同腔調的吆喝。

磨剪子和戧菜刀的產業規模雖然比收破爛小得多，並且隨著中國城市化進程，如今已經很少有這類從業者了，但這個產業的吆喝聲卻憑藉一個「超級 IP」深入人心，讓所有人都認為這才是標準的吆喝腔調，影

響了一代又一代。當一個事物與一個大 IP 綁定時，這個事物的影響力將會倍增，這就是 IP 的價值。

這與我們這裡要解決的問題有什麼關係？「磨剪子嘞戧菜刀」與「收破爛嘞」吆喝聲的差異，本質上就是小範圍與大範圍認知的差異。個體付出相同時間、相同努力，若想獲得更強的競爭力，就要盡可能爭取大範圍認知。

例如，一位朋友曾說，他想耕耘個人成長領域，於是選擇「簡書」（編按：中國的部落格平台）作為寫作輸出平台，每天除了寫文章還花大量時間和精力研究簡書用戶的喜好和推薦機制。我當時告訴他，這樣做不對。因為簡書是小眾平台，他做的個人成長屬於大眾市場，就算在簡書做到頂尖，商業價值依然有限。

花費相同時間、做出相同努力，不如選擇「微博」，因為微博既是大眾市場平台，又有助於樹立個人 IP，形成「私域流量」（Private Traffic，編按：由公域流量延伸出來的概念，指品牌或個人自主擁有、可自由控制、多次利用，觸及用戶的管道，包括：自媒體、LINE 群組、私人社團等。）。他當時沒聽我的建議，覺得微博雖是大眾平台，但競爭大，簡書雖小眾，但競爭小，結果做了一年後，他選擇放棄簡書，投身微博，如今才逐漸累積起影響力。

除了是否屬於大眾市場，平台的資金實力、成立時間、定位、用戶數量、用戶類型、用戶習慣等，都會影響對輸出平台的選擇。但總而言之，想要在付出相同時間與努力的情況下，創造更強的競爭力，就要盡可能爭取大範圍認知。

我有一個「板擦與光榮榜」法則，也遵循這個原理。

從幼稚園開始，很多學校都會把優秀學生的名字寫在教室後面的黑

板上，特別優秀的也會寫在教室前面的黑板上。幼稚園教室的黑板上常常寫的是某某同學哪方面表現特別突出、獲得什麼獎項。小學、國中和高中的教室裡，黑板上常常掛著考試、操行、整潔等榮譽榜單。除了自己班上的黑板，學校為了鼓勵優秀學生，還會定期在全校發布榮譽榜。

班級黑板上的優秀更多源自於日常行為，更多是反映導師對學生的評價。學校榮譽榜上的優秀更多是反映結果，更看重客觀事實。每所學校都有這樣的人，他的名字總在班級黑板上，卻很少在學校榮譽榜上看到；還有一類人則是恰好相反。

班級黑板代表小範圍認知，學校榮譽榜代表大範圍認知。許多時候，爭取名字經常出現在班級黑板上所付出的努力，與爭取登上學校榮譽榜所付出的努力差不多。如果時間和精力有限，一定要把努力全用在想辦法登上學校榮譽榜，也就是獲得大範圍認知，而不是把努力用在平時出現在班級黑板，也就是小範圍認知。

名字被寫上黑板後，最怕什麼？最怕「板擦」。因為誰擁有「板擦」，就擁有擦掉名字的權力。擁有擦名字權力的人，通常也是擁有寫名字權力的人。

我之所以不推薦那位朋友在簡書輸出，也是因為簡書的首頁推薦機制。如今，想在每個平台上獲得流量都需要有官方推薦。大平台推薦看的是數據，看的是用戶是否喜歡特定內容，而簡書之前的首頁推薦權則是掌握在少數人手中。

簡書之前的首頁推薦機制是這樣的：用戶寫文章，想獲得推薦，得先投稿到官方話題。每個官方話題都有負責人，這些人通常是兼職。官方話題負責人每天有一定的權力將數量有限、自己認為優秀的文章推薦到首頁，讓文章獲得更多曝光，被更多簡書用戶看到。

也就是說，官方話題負責人擁有推薦的權力。但是，官方話題負責人憑什麼判斷哪些內容是好內容？憑什麼判斷用戶更想看誰的內容？憑什麼幫用戶做決策？如果一個人想在簡書崛起，獲得流量推薦，第一步要做的究竟是研究如何寫好文章，還是怎麼迎合話題負責人的審核取向？

　　名字登上黑板的本質，是小市場、小組織、小範圍內的成敗得失，而登上學校榮譽榜的本質，是大市場、大組織、大範圍內的成敗得失。明白了登上黑板和學校榮譽榜的差別，不只有助於個人增加競爭力，更有助於個人成長。

　　名字登上黑板的模式可以視為相對成長，登上學校榮譽榜的模式可以視為絕對成長。相對成長，是指近期、外部、易變的，依靠於特定資源的成長；絕對成長，是指長期、內部、牢靠的，依靠於個人能力增加的成長。

02 加強思考力的火箭模型

成功者有什麼共同點？這個問題有很多人研究。從不同的角度，會得到不一樣的結論。我見過的所有成功者都有一個相同的特質，就是具備比一般人還強的思考力。

思維決定行為，行為決定成果，成果決定命運，因此思維決定個體的命運、思維決定個體能走多遠。要加強思考力，可以從基本假設、自我應驗預言（Self-fulfilling Prophecy）、認知框架和價值排序四個部分開始。

加強思考力的火箭模型如圖 1-2 所示。

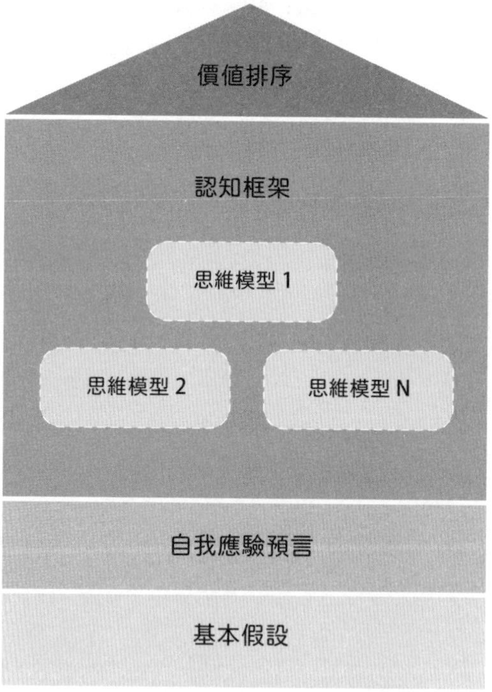

圖 1-2　加強思考力的火箭模型

在加強思考力的火箭模型中，底層的基本假設是一級燃料推進器，決定火箭能否升空。自我應驗預言是二級燃料推進器，決定火箭能飛多遠。認知框架是火箭本體和三級燃料推進器，決定火箭能飛多快。我們常說的思維模型，屬於認知框架的一部分。價值排序則是頂端指揮艙，決定火箭飛往哪個方向。◁▲

想不通時，如何突破思維局限

沒人能叫醒裝睡的人，也沒人能幫助思維受到局限的人。究竟是什麼限制了人的思考？如何透過思維升級改變自己的行為模式？如何突破自己思維的局限？

華為總裁任正非說：「沒有正確的假設，就沒有正確的方向；沒有正確的方向，就沒有正確的思想。」

每個人都有屬於自己的底層基本假設，這些基本假設有的來自先天環境，有的來自後天經驗。基本假設深深影響每個人的思考和行為，卻又不容易有所察覺。一個人如果無法突破自己的基本假設，別人怎麼幫忙都沒用。

我有個關係很好的朋友，他家大事小事宴客我都會參與。宴客一般少不了喝酒，也少不了敬酒和勸酒的環節。我滴酒不沾，因此負責散會後送人回家的任務。因為順路，我有三次送朋友和他的同事兼鄰居小李回家的經驗。

第一次，小李喝得不省人事。我發現他喝多之後皮膚異常發紅，也許是他分解酒精的酵素「乙醇脫氫酶」活性不佳，也可能是因為酒精過敏。

我和朋友說：「小李酒量不行，以後別讓他喝了，聚會的目的是高興，又不是喝酒。」

朋友說：「大家都知道小李酒量不行，就是一瓶啤酒的量。但小李這人很奇怪，其實沒人敬他酒，也沒人勸他酒，他是自己跟著其他人喝成這樣的。」

第二次，小李喝了酒後還能簡單對話，我說：「你酒量不行，何必要喝那麼多呢？」

說完這句話，我有些後悔，因為很多喝醉的人聽到這個問題，都會回答：「誰說我酒量不行，我酒量超好！我沒醉！」

沒想到小李的回答是：「別人都在喝，我哪能不喝？這多不禮貌！」

我很驚訝：「這和禮貌有什麼關係？能喝就多喝，不能喝就少喝，怎麼還跟禮貌有關？」

小李彷彿聽不到我說的話，自顧自地說：「不行，要跟著喝……」

第三次，小李又喝得不省人事。朋友說：「現在大家都知道小李不能喝，都勸他不要喝，他不聽，非要跟著喝，搞得大家都不敢和他同桌吃飯。唉，以後聚會再也不叫他了。」

酒桌上勸酒的情況很常見，但被大家勸不要喝酒的，還真少見。

小李的行為模式其實源自他的基本假設。他的基本假設就如他自己所說：在酒桌上，別人喝多少，我就要跟著喝多少，不然就是不禮貌。人都是基於基本假設而思考與行動。基本假設告訴我們為什麼自己會這樣看待這個世界，基本假設讓我們自然而然地產生某種想法，驅動著我們行動。

人的思維局限，正是來自基本假設的局限。人的行為不理性，也來自基本假設的不理性。基本假設就像操作系統的原始碼，軟體如果有問題，可以重新安裝，但作業系統如果有問題，可能就無法安裝軟體，或是無法正常運作已安裝的軟體。此時，人的一切思考和行為都會有問題。

例如，很多人有類似這樣的基本假設：

1. 智商低的人一定不會有成就。

→**對應思考**：我求學時成績不好，表示我能力平庸，注定庸碌一生。

2. 沒資源的人一定不會成功。

→**對應思考**：我的家世普通，不認識達官貴人，沒有資源，做什麼都不會成功。

3. 相貌普通的人一定無法「靠臉」工作。

→**對應思考**：我的長相很一般，不可能從事幕前表演工作，就算拍了戲也不可能成名。

4. 機會都是留給年輕人的。

→**對應思考**：我現在已經四十多歲了，什麼都比不過年輕人，年紀大也就沒機會了。

5. 男人天生就是比女人強。

→**對應思考**：我是個女人，就該在家相夫教子，事業經營不好是應該的，賺錢養家的事就留給男人吧！

這些底層基本假設顯然都是比較負面的主觀假設，長期任由這些基本假設「滋生」，就會逐漸變成一種「信念」。一旦成為信念，思想就會僵化，將很難改變。很多人無法崛起，正是因為他們的腦中存在大量的限制性信念（Limiting Beliefs），進而束縛了自己的思考。

想加強思考力，要做到以下三點：

1. 靜下心來，發現自己思考過程中的底層基本假設。

2. 把主觀、負面的假設轉換為客觀、正面的假設。

3. 找到已經成為信念的假設，把限制性信念轉化為開放性信念。

至於如何突破限制性信念並採取行動，我將在第 6 章詳細說明。

了解基本假設和限制性信念的原理後，個體若想崛起，首先要像為作業系統編碼一樣，替自己編出有利於個人成長與發展的基本假設。對有利於崛起成長的基本假設，要積極保留；對不利於崛起成長的基本假設，要無條件刪除。

我有五項比較積極正向、有利於個人崛起成長的基本假設，可以提供參考。

1. 每天做同樣的事，只會得到相同的結果。如果對現狀不滿，必須做出改變。

2. 做每件事都有方法，找對方法，就能成功。如果沒有成功，很有可能是還沒找對方法。

3. 每個人都具備足夠的資源來達成目標。如果資源不足，很有可能是資源還沒有被發現。

4. 這個世界沒有失敗，只有行動並獲得回饋後，發現暫時沒達成目標的情況。

5. 任何事都有多面向，有危機，也會有轉機；有挑戰，也會有機遇。

也許有人會說，為什麼這些基本假設看起來像心靈雞湯或是成功學的內容？其實無論是假設，還是信念，解決的都是人「相不相信」的問題。如果打從心裡就不相信這些基本假設，那什麼方法都沒有用；如果打從心裡就對這些基本假設深信不疑，那成功的機率會大大提高。

有想法時，如何具體實踐行動

對於每個羨慕我寫了很多書的人，我都會鼓勵他：「寫書不難，你也可以寫書！」

然而，我聽到最多的回答是：「不行，不行，我哪有這本事。」

我會接著說：「我一個高中語文成績經常不及格的人都能寫書，還有誰不能？」

多數人的回應依然是：「不行，不行……」

個體崛起，出書既是增加勢能最好的方法，也是非常好的社交工具。著書立說正是樹立個人品牌，讓他人對自己加強認知的最好方式之一。以自己的書籍與人建立關係，更容易與他人建立信任。

我很喜歡鼓勵身邊有心上進的人寫書，也常以自己為例說明寫書沒有想像中困難。寫書不等於寫小說，不需要寫出驚世駭俗的故事。圖書領域主題繁多，只要在某個領域有足夠累積或具備獨到觀點都可以將自己的立論系統化整理成書，門檻其實沒有想像中那麼高。

我高中時各科成績好壞落差很大，數理化成績很好，但語文經常不及格。開始寫書後，我才發現自己的語言功底實在薄弱，靠著不斷寫作才逐漸有所提升。但是為什麼很多人明明覺得寫書很有價值，本身也具備寫作能力，卻不行動呢？

心理學中有個名詞叫自我應驗預言。對個人而言，這個名詞的含義是人會不自覺地為自己或其他人貼標籤、定屬性、做分類，認為自己或其他人就是怎樣的人，然後從現實中不斷蒐集證據證明自己的推論，進而讓自己的推論成真。

例如，我有個朋友很聰明，但不喜歡學習，電玩打到能去比賽的程

度，大學入學考沒上好學校。畢業後，他工作很賣力，獲得主管和同事的認可，兩年後就被提拔為主管。他晉升後不久，我們聚了一次，那時我也剛擔任人力資源經理。

當時我感嘆「80後」已經成為創造社會價值的中堅份子，未來大有可為，而他卻不看好自己。他覺得自己雖然一開始升職快，但學歷不高，後續晉升的力道不足。這麼多年過去了，他依然在那個公司當主管，而他帶出來的一個後輩都擔任總監了。

如今聊天，談到工作發展時，他依然認為自己學歷不足，沒有前途。

我問他：「難道你們公司就沒有和你一樣學歷卻做到高階主管的人嗎？」他說：「也是有，但人很少。」

我說：「那你為什麼認為自己就不能是那種人呢？」他說：「我哪行啊……」

一切負面的自我應驗預言，都有類似的句型：「我不是 X，我不配得到 Y。」如果有人堅信自己是螻蟻，那麼他就會活成螻蟻，而且會為自己成為螻蟻尋找很多合理的證據。如果有人堅信自己是老虎，就很有可能會活成老虎，就算因為諸多不可控因素，最終沒有成為老虎，他也不會活成螻蟻。

《孫子兵法》提到：「求其上，得其中，求其中，得其下，求其下，必敗。」意思是如果追求高標，最後可能會得到中標，如果追求中標，最後可能會得到低標，如果追求較低標，最後必然什麼也得不到。自我應驗預言也是這個道理。

自我應驗預言如果用在積極的面向，會產生積極正向的結果；如果用在消極的面向，則會產生消極負面的結果。心理學中的畢馬龍效應（Pygmalion Effect）就是自我應驗預言的一種。

1960 年，美國心理學家羅伯特·羅森塔爾（Robert Rosenthal）曾在加州一所學校做過一個著名的實驗。新學期開始，校長對兩位老師說：「根據過去三、四年來的教學表現，你們是本校最好的老師。為了獎勵你們，今年學校特地挑選一批最聰明的學生讓你們教。你們要像平常一樣教學，不要讓學生或家長知道他們是被特意挑選出來的。」

這兩位老師非常高興，十分努力地教學。一年後，這兩班學生的成績是全校最優秀的，分數比其他班級高出一大截。其實，這兩位老師並不是全校最好的老師，他們是被隨機抽出來的。他們教的學生智商也不比別班學生高，這些學生也是隨機分配的。

雖然這是一個美好的謊言，但學校對老師的預言，老師對學生的預言，最終都成真了。這說明每個人都有可能成功，但能不能成功，取決於個人是否堅信預言。

無論自己是什麼情況，首先不要把自己想得太差，找到自己的優勢，任何人都有一個領域是其他人比不上的。自我應驗預言的正確用法，不是先把自己想像成比較弱小，而是把自己想像成很強大。

許多人難以理解為什麼我能出版二十多本書。其實在我還沒出書時，我的自我應驗預言就認為自己可以成為「著作等身」的暢銷書作家。著作等身是略顯誇張的形容，表示一個人出版了很多書。而我追求的著作等身，則是不帶任何誇張的意義。

如果把著作等身變成一道數學問題，我的書籍開本尺寸大約長 23.5 公分、厚度約 1.5 ～ 2 公分（平均為 1.75 公分），我的身高是 174 公分，因此如果把書立著放，八本 23.5 公分的書籍長度就是毫不誇張的「著作等身」。如果把書平著疊放，大約需要出版一百本 1.75 公分厚的書籍才能達到「著作等身」，這也正是我的目標。

許多人看到 100 這個數字時會覺得嚇人。理性地看，出版一百本書的目標能不能達成呢？當然可以，每年寫五本書，二十年就能完成；每年寫兩本書，五十年就能完成。因此這件事最後會演化為數學運算問題和時間分配問題。

法國作家大仲馬（Alexandre Dumas）一生寫過三百多本著作。其實 300 是個非常保守的數字，關於大仲馬究竟寫過多少本書眾說紛紜，甚至有人說他的著作超過一千三百本。世界上出書超過一百本的大有人在，我為什麼不能是其中之一呢？

其實放棄一切無關領域，把時間和精力都用在如何達成一件事情，又有多少事是做不到的呢？敢想的人就已經比那些不敢想的人離想法更近了。就算最後失敗又如何呢？

成功和失敗都會讓人成長，成功會讓人「長葉」，失敗會讓人「長根」。只有一件事不會讓人成長，那就是什麼都不做。只要做，就對了，一定不會錯。最大的錯誤，就是認為自己不是 X，不配得到 Y，於是就什麼也不做。

有問題時，如何找到問題根源

為什麼大家對同一件事，會有截然不同的解讀？這是因為解讀的角度不同，因此會做出不同的結論，產生不同的行為。這些行為有的有利於實現目標，有的不利於實現目標。面對問題時，如何客觀地分析問題？如何找到問題的根源？如何進行有利於自身的思考呢？

每個人都會用自己的認知框架來解讀這個世界。對相同事件的不同解讀，源於不同的認知框架。

微博上知名的教育博主「寫書哥」以一年半的時間，微博粉絲數便達到六十萬。他的微博以文字內容為主，類型為成長領域的實用觀點、做事方法和思考方式。「寫書哥」在經營微博的過程中，經歷過很多挫折，我多次聽他說想放棄，但他還是堅持了下來。「寫書哥」對微博的評價是，微博是一個非常適合個體崛起的自媒體平台，文字類內容在微博上很有生存空間，一般人也可以在微博透過文字內容崛起。

在「寫書哥」成為微博博主前，我有個朋友張三也斷斷續續地經營了一年多的微博，他的微博內容與「寫書哥」類似，但粉絲數始終無法突破兩萬，最終選擇放棄。張三對微博的評價是，微博是一個泛娛樂平台，文字內容在微博沒有生存空間，一般人不可能在微博透過文字內容崛起。張三常抱怨自己不會修圖，做不出有視覺衝擊力的圖片；不會畫畫，畫不出有趣的漫畫；不懂攝影，拍不出優質的影片……

同樣是經營微博，為什麼不同的人會對微博有不同的評價？「寫書哥」和張三對微博的評價，究竟哪個更準確？其實關於文字內容在微博有沒有生存空間、個體能不能靠文字內容在微博崛起，根本不需要統計數據，看一看微博有沒有這類成功案例就知道了。我們觀察後會發現，微博上有很多成功的案例。因此這其實不是「能不能」的問題，而是「如何能」的問題。

「寫書哥」經營微博，對微博的認知框架聚焦在「如何能」，如圖1-3。

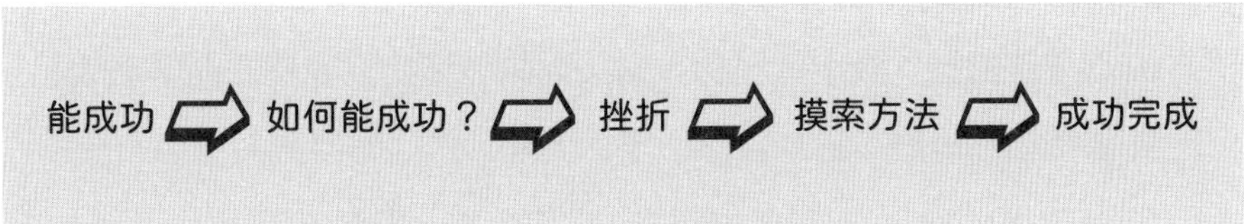

能成功 ➡ 如何能成功？ ➡ 挫折 ➡ 摸索方法 ➡ 成功完成

圖 1-3　「寫書哥」經營微博過程

張三經營微博，對微博的認知框架聚焦在「能不能」，如圖 1-4。

能不能成功 ⇨ 挫折 ⇨ 好像不能成功 ⇨ 挫折 ⇨ 果然不成功

圖 1-4　張三經營微博的過程

張三經營微博的過程，讓我想起學開車時，教練對我說過的一段人生哲理。教練說：「新手開車不要總盯著障礙物，要聚焦在道路上，用餘光關注障礙物即可。」

新手開車如果總盯著障礙物，通常有兩種結果，一是直接撞上障礙物，二是在障礙物面前猛踩煞車，而沒有注意到能從障礙物旁邊開過去。這就是為什麼很多新手剛上路時，容易追撞前車或是容易突然猛踩煞車。其實做任何事都是這樣，如果只盯著障礙，那全世界都是障礙，如果盯著道路，前途將一片光明。

美國心理學家馬汀‧塞利格曼（Martin E. P. Seligman）提出過一個概念——習得性無助（Learned Helplessness）。習得性無助廣泛存在於人類生活中，對工作和學習有負面影響。

形成習得性無助特質的人通常會有四種情況：

1. 低自我效能感：懷疑自己，認為自己不配、自己做不到。

2. 低自我概念：自我評價較低，態度消極、多疑、自卑。

3. 低成就動機：設定低目標，對失敗的恐懼比對成功的渴望更大。

4. 消極慣性思維：認為自己注定會失敗，無論如何努力都無濟於事。

針對習得性無助，塞利格曼後來開創了「正向心理學」（Positive Psychology）這個流派，並提出了正確歸因的概念。所謂正確歸因，就是

客觀、理智地看待問題，既不盲目樂觀，也不盲目悲觀。如果對事件出現歸因謬誤，人就容易出現習得性無助的現象。

塞利格曼在《學習樂觀‧樂觀學習》（*Learned Optimism: How to Change Your Mind and Your Life*）中將人分為樂觀者和悲觀者。悲觀者不只容易把失敗原因放大到完全不可控，而且容易把自己或他人的問題放大；樂觀者則相信人生有起有落，更容易找到失敗的真正原因。

如何避免歸因謬誤、避免習得性無助，做到正確歸因？塞利格曼提出了 ABCDE 模式。

A（Adversity）：某次失敗或不愉快事件。

B（Belief）：對這次失敗事件的觀點或念頭想法。

C（Consequence）：念頭想法所引起的後果，是後續採取動作的關鍵。

D（Disputation）：停下來，重新審視 B 和 C，然後反駁自己。反駁自己時，要運用以下四種有效的自我反駁技術：

（1）證據：找出證據，證明自己的觀點是不正確的。

（2）其他可能性：關於這次失敗或事件，還有哪些其他可能原因？

（3）含意：不斷暗示自己簡化災難，蒐集反駁證據。

（4）用處：無論觀點是否正確，反問維持目前觀點對自己有利嗎？

E（Energization）：重複過程練習，觀察自己成功地處理悲觀念頭所獲得的激勵。

美國正向心理學家、哈佛大學心理學教授艾倫‧蘭格（Ellen J. Langer）在這方面也有研究，她把自己的心理學稱為「可能性心理學」，她喜歡挑戰不可能，喜歡引導人在自己認為不可能的事情中尋找可能。

蘭格在著作中提到「用心」（Mindfulness）和「不用心」（Mindlessness）的概念，她提到的用心與生物學博士喬‧卡巴金（Jon Kabat-Zinn）提出

的正念都用了 Mindfulness 這個英文單字，本質上都是指一種自我發現、自我覺察、自我認知的狀態。不用心則是用心的反面，是指不假思索、心不在焉、靠潛意識來思考與行動的狀態。

卡巴金提出的正念更偏向於東方智慧，需要透過冥想和練習來達成。蘭格的用心更偏向於西方智慧，不強調冥想和練習，而是要改變自己對這個世界的思考方式，並關注和審視自己的思維與行為。在這一點上，蘭格的觀點與塞利格曼的 ABCDE 模式如出一轍。

做任何事，方法都是次要，思想才是最重要的。解決思想問題的本質，就是刻意建構自己的認知框架，重新審視自己看世界的角度，調整自己想問題的方式。化「不可能」為「如何成為可能」，化「做不到」為「如何做到」。

想法糾結時，如何聚焦核心

想法比較多、目標比較多時，該怎麼辦？如何應對目標糾結？如何理清行為動機？

網路上有句流行語：「小孩子才做選擇，成年人全都要。」這句話的本意是為了搞笑。例如，有人問一個小孩：「地上有一張五十元、一張一百元的鈔票，你會撿哪張？」小孩子可能會從中選擇一個。成年人會說：「我全都要！」現實中什麼都想要的人，很可能什麼也得不到。

有一些人，在微博開始流行時，投身經營微博。微博還沒做出起色，微信公眾號開始流行，這些人又投身經營微信公眾號。後來抖音開始流行，這些人又去報名補習班學拍短影音。結果他們手裡自媒體帳號一大堆，但沒一個真的有影響力。網路上幾乎所有具影響力的自媒體帳號都

是先在某個平台單點爆發，流量穩定後再嘗試轉戰其他平台。

有個心理學現象稱為「鳥籠效應」（Birdcage Effect），講的是有個人在自己店裡的顯眼位置擺了一個漂亮的空鳥籠，原本沒有養鳥的打算，只是為了好看，自己喜歡。但一段時間後，這個人通常會有兩個狀況，一是把鳥籠移走，二是買一隻鳥放在鳥籠裡。為什麼？因為大家看到鳥籠後，都會問：「鳥呢？」如果這個人回答從來沒養過鳥，大家會詫異地問：「那你擺鳥籠幹什麼？」久而久之，原本沒有打算養鳥的人可能會乾脆養起鳥來，或者是把鳥籠移走，以免在店裡的顯眼位置擺一個漂亮的空鳥籠變成一件很奇怪的事。

生活中，我們難免會受父母、親戚、同事、朋友等的影響，他們會告訴我們許多「社會規範」、「人類共識」，這些可能會讓我們遠離真正的自己，活成他們想要我們活成的樣子。

了解自己，首先要學會獨立。所謂獨立，包括經濟獨立和思想獨立。能夠經濟獨立並不難，但想要思想獨立並不容易。

我經常聽身邊有些朋友問：「最近有個機會、最近有個開發案、最近有個投資熱潮，我應不應該參與呢？」能問這類問題還算好的，很多人是看其他人做什麼成功了，就盲目投入，結果最後什麼都沒做成。

判斷要不要做一件事，關鍵是看這件事是不是符合自己的核心價值。如果符合，可以考慮做；如果不符合，那麼就算這件事看起來再好也不要做。

人的資源有限，但需求無限，有限的資源與無限的需求之間的衝突，必然需要我們做出選擇。當做出選擇時，內心應有標準，什麼最重要，什麼是次要，什麼不重要，這就是一個人的價值觀。許多人做選擇時的糾結，找不到方向的苦悶，都源於沒有形成清晰的價值觀，只想模仿別

人的人生。

　　價值觀不是做事的直接目標，不是道德或倫理，也不是我們當下最大的需求。價值觀是非常主觀，是我們對生活方式的排序，是行為的內在驅動力。價值觀沒有對錯，價值觀代表的是我們究竟想要什麼、不想要什麼。生存環境和後天遭遇會影響價值觀，因此每個人的價值觀都不相同，價值排序也可能大相徑庭。

　　明白自己的價值觀，釐清價值排序的步驟如下：

　　1. 拿出一張白紙和一枝筆。

　　2. 找一個安靜的地方。

　　3. 寫下自己認為最重要的東西，或自己最想成為的人。

　　4. 如果在步驟 3 寫下很多條，要強迫自己將這些項目排序。

　　人生的財富累積是做加法，但一個人的時間與精力有限，能獲得財富的方向有限，要學會做減法。價值排序的核心思維，是集中優勢資源，集中主要精力，先做排序靠近前面的事。

03 行動力就是變現能力

▼▽許多人眼中的一夜「爆紅」，其實是夜夜堅持。許多人「夜來思量千條路，明朝依舊賣豆腐」，沒有行動力，一切都是「空想」。這個世界從來不缺有想法的人，缺的是能把想法真正落實的人。想法落實需要行動力，行動力也決定了個體的變現能力。當行動力比較差時，如何加強行動力呢？◿◣

如何心無旁騖地做事

有人問我：「我的行動力很差。你寫了那麼多書，行動力那麼強，怎麼做到的？」

我說：「因為『傻』……」

如果人生有兩個選項，一個是「精明」地活著，另一個是「傻傻」地進步，我建議選後者，因為「傻」是加強行動力的好方法。

工作時，有個「精明」的「老油條」當著主管的面說：「任康磊工作出色，能不能將經驗做個整理分享供同事學習呀？」

我當時「傻」，乖乖地把經驗全都整理出來和同事分享了。

後來那「老油條」說：「讓這小子出風頭！他都教給我們了，看他以後還有什麼利用價值！」

創業後，有個「精明」的顧問公司老闆對我說：「有個專案，要看你的能力，把你的方法論做個整理發給我看看吧！」

我當時「傻」，乖乖地把六百多頁簡報檔全都給他了。

後來那個老闆再也沒聯繫我，看他社群得知他接手了那個專案，背景放著我的簡報檔。

從工作到創業，我一直「傻」到現在，不過傻著傻著，我成了暢銷書作家，成了人力資源管理領域的頂尖 IP，商務合作不斷。而當初的「老油條」同事一切照舊，顧問公司的老闆瀕臨破產。

許多人說晚清名臣曾國藩不會打仗，因為他是文官出身，連馬都不會騎。但曾國藩卻率領湘軍戰勝太平天國，立下汗馬功勞。曾國藩用的方法是「結硬寨，打呆仗」，這種挖壕、築牆、穩紮營等等看似最「笨」的方法，卻最有效。日拱一卒無有盡，功不唐捐終入海。也就是每天努力一點，會像棋盤中的小卒一樣一點一點前進，付出的努力不會白費，終會有回報。

有時傻一點，不是壞事。有時太精明，反而不是好事。這個世界從來不缺自作聰明的人，缺的是敢於承認自己不夠完美，又願意傻傻堅持的人。

曾經有線下實體課程公司拉我進講師群組，討論進軍線上的宏圖大業。公司老闆看我做線上課程的經驗足，便主動找我聊這方面的內容。第二天我就給了他一個提案，然後就沒了動靜。後來我看講師群組裡大家每天都在聊偉大的理想，聊正確的廢話。從春節聊到年底，聊了一年也沒見誰真正做出什麼。

群組裡有人說：「線上課程賺不到錢了，只能導流。」很多人表示認同。真的嗎？那為什麼有很多人的線上課程依然有不錯的收益？若照這個邏輯，現在大家閱讀碎片化，圖書產業早就該沒落了，可是為什麼依然有人還是能靠出版書籍有不錯的發展？

大家總喜歡說選擇大於努力，意思是過得不好時，可以怪自己的選擇不對。做人力資源管理的人，說人力資源管理人員是一般行政人員，自己做不好是因為選錯了工作。同樣是從事人力資源管理工作，我朋友圈裡年薪超過一百萬人民幣的有十幾個。收破爛的，說選錯了行業，賺不到錢。同樣是收破爛，每個城市都有「破爛王」，業績上億元的不計其數。

少想多做，把時間用在把事情做好，把精力用在如何成為佼佼者，不是更好嗎？行不行不是想出來的，不是聊出來的，而是做出來的。

我進上一家公司時，老闆已七十二歲，他四十八歲才開始創業。年逾古稀的他經歷了無數滄桑，看起來質樸無華，其實飽含智慧。我和他聊天時，他也經常形容自己「傻」。

他說：「當初真傻，不會喝酒，也不像別人會經營關係，業務發展沒別人快。」

其實，這家公司的主要產品已經是同類型產品中的世界第一。

他說：「當初真傻，如果做房地產，現在我們資產已經……非要做 A 產品。」

其實，A 產品非常成功，是中國第一，也是目前中國的唯一。

我問他事業成功的祕訣，他的回答簡單而淳樸：「做什麼，就好好做。」

「做什麼，就好好做。」其實不需要太精明，反而需要一點傻氣。

這位老闆的創業人生，讓我想起了「鴨子定律」。我們看到的鴨子在水面上悠然自得，在水面下卻一刻不停地拚命划水。很多人只看到他人表面的光鮮，卻看不到對方背後的付出。

傻，其實是一種做事的智慧。

香港首富李嘉誠曾說自己成功的祕訣是讓別人多賺一點。許多人做生

意只想著讓自己的利益最大化，不考慮上下游利益，結果沒多久生意就做不下去了。李嘉誠則寧可自己少賺一點，讓合作夥伴多賺一點，這樣，大家才願意和他做生意，他的生意才會愈做愈大。

什麼是智慧？智慧是七分聰明，三分傻。聰明過頭，精於算計，吃虧的是自己。帶點傻氣，埋頭苦幹，反而有所收穫。

有句心靈雞湯是這樣說的：「人要拚命努力，才會讓自己看起來毫不費力。」

用「拚命」來形容「努力」其實並不精確，還會嚇退很多人。一般人的生活學習又不是打仗，沒有你死我活，拚哪門子命呢？

不如說：人要傻傻地努力，才會讓自己看起來毫不費力。做人不如傻一點，傻傻地努力，傻傻地做事，傻傻地學習。少說少想，多學多做，平凡人才更可能做成不平凡的事。

行動力不足，怎麼辦？

許多人問我：「任老師，為什麼感覺你總是很有衝勁？為什麼每次見到你時，你都精力十足？為什麼你那麼有熱情？為什麼你做事有這麼強的內在驅動力？」

我說：「因為沒有安全感。」

許多認識我的人都說我是「工作狂」，我確實是個對做事樂此不疲的人。經過反思，我的結論是由於成長或經歷等原因，我缺乏安全感。這種內心感受被放大到情緒上，變成一種情緒能量，推動著我行動。

想改變現狀的強烈願望給了我強大的行動力。我的家庭比較特殊，從小我就是爺爺奶奶帶大的，家裡經濟條件一般，除了溫飽，其他都是

奢望。這也許是我比較喜歡「折騰」的原動力，別人家孩子過得再怎麼不好也有父母支持，多少有種安全感，而我沒有，一切都要靠自己。

我上大學時，別的同學不愁吃穿、安心學習，我為了賺錢，課餘時間發過傳單，做過專櫃人員，當過家教，賣過手機預付卡，擺攤賣過餅乾，還幫補習班招生。後來奶茶手搖飲剛興起時，我和同學合夥在學校附近開了三家手搖飲料店。快畢業時，我賺了十幾萬人民幣，當時天津市區的房價平均每平方公尺才四五千人民幣（約每坪 6 ～ 7.5 萬台幣）。

畢業前，我借了幾十萬人民幣做了個 B2B 專案（business-to-business；企業對企業），我拿下了天津總代理，結果借來的錢全賠進去了，還欠了幾十萬人民幣的債。我後來能夠進入人力資源領域，就是因為有這段經歷。畢業季時，我的同學都在找工作，而我在創業做那個 B2B 專案。我賠錢的時候，畢業季徵才旺季過了，工作也不好找了。

我甚至一度去了三溫暖做服務生，因為那裡包吃包住。當時那家店還沒開業，我就一直跟著培訓。沒等正式上班，我發現隔壁超市在徵儲備幹部，就過去應徵了，後來才知道那個超市在《財星》世界 500 強能排進前五十名。上班後，我就像抓住了救命稻草，拚命工作，因為我不只要還債，還要生存。

因為我應徵的儲備幹部是零售行業的基層職位，所以薪資特別低，我拿了半年每個月 1,250 元人民幣的月薪。我住在只能放下一張床的小閣樓，每月租金是 600 元人民幣，當時別說還債了，我連飯都吃不起。現在回想起來，還能感受到那種絕望，除了拚命工作，真不知道還能做什麼。店長看我工作很努力，覺得可以委以重任，就把我調到人力資源部，從此我便一直從事與人力資源相關的工作到現在。

經歷過那段很黑暗的時期，我是真的怕了，覺得不「拚命」不行。憑

著這股衝勁，我二十六歲時就成了一家員工超過三萬人的大型上市公司總部的人力資源總監。我比其他人早了十到二十年坐上這個職位，不過，這也讓我比其他人更早遇上發展瓶頸與撞牆期。

職場是有天花板的，我又不安於現狀，怎麼辦呢？還完債後，我買過股票、買過基金，幾乎嘗試過各種主流的投資方法。2018 年，我融資、融券、買股票，賠了一百多萬人民幣。

一路跌跌撞撞走到今天，我有不少成功，也有不少失敗，但無論如何，我沒有失去夢想和行動力。因此我的競爭力在日漸增加，影響力在逐漸擴大，思考力也在不斷升級。總結下來，我的行動邏輯如圖 1-5 所示。

我的行動力的來源其實是一套「演算法」。對現狀的不滿促使我為自己不斷設定目標。「缺乏安全感＋設定目標」，讓我具備了非常強的行動力。行動力不一定會帶來好的結果。失敗時，失敗反而會進一步激發我的行動力；成功時，我就繼續設定接下來的目標。這套「演算法」自成一個增益式的密閉迴路，形成良性循環。

其中，從缺乏安全感到強烈行動力，是借助情緒能量的過程。什麼是情緒能量？情緒是人類最大的能量來源。

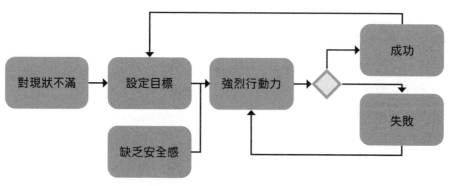

圖 1-5　行動邏輯圖

情緒是如何產生的？

情緒＝期待－現狀。

期待與現狀之間的差距愈大，產生的情緒愈大，情緒帶來的能量也就愈大。我總是有意無意地讓期待值更高，讓現狀值更低，於是不斷產生對現狀不滿的情緒，進而驅動自己不斷設定新的目標。缺乏安全感有助於進一步提高期待值，降低現狀值。

其實，情緒不只與人的行為有關，還與人的記憶有關。許多人記不得多年前某件事的具體細節，卻能記住當時的情緒，當時的情緒愈強烈，與情緒關聯的事物愈重要，記憶愈深刻。

美國心理學家奇斯‧裴恩（Keith Payne）曾研究過情緒記憶法，他發現情緒記憶是人類最難刻意忘掉的記憶。《實驗社會心理學期刊》（*Journal of Experimental Social Psychology*）針對情緒記憶發起過一項研究，結果證明情緒記憶是一種「愈想忘掉愈忘不掉」的記憶。

因此很多人問我為什麼他們明知道做某件事對自己而言是好的，但就是不願意做，例如明知道學習對自己有幫助，但就是不願意學習。我說是因為他們對做那件事毫無情緒或抱有負面情緒。例如念書，2018 年大學入學考，河北考生王心儀以 707 分的成績考入北京大學中文系。她的一篇《感謝貧窮》打動了無數人，其中有這樣一段內容。

感謝貧窮，你讓我堅信教育與知識的力量。物質的匱乏帶來的不外乎兩種結果：一個是精神的極度貧瘠，另一個是精神的極度充盈。而我，選擇後者。我來自一個普通但對教育與知識充滿執念的家庭。母親說過，這是一條通向更廣闊世界的路。從那時起，知識改變命運的信念便深深地扎根在我的心中。

《戰國策・秦策》中有提到：「日中則移，月滿則虧。物盛則衰，天之常數也。」意思是任何事情到了圓滿時，接下來必然會開始走下坡。當我們認為自己站在山頂時，無論怎麼走，都是下坡路。若想往上走，就要讓自己常常保持「缺」的心態。

就像學習，如果我們學習時覺得很順利，沒有情緒上的波動，那表示自己還待在舒適圈，這時候學到的通常是自己原本就知道的知識。學習新事物一定帶有情緒，喜歡接受新事物的人通常帶有正面情緒，不喜歡接受新事物的人則經常帶有負面情緒。

有拖延問題，怎麼辦？

許多人在設定目標之後，會因拖延問題導致目標無法達成。為什麼人總樂於做那些與目標無關的事情？例如滑手機、打電玩、聽音樂等。因為這些事情改變了人類大腦的「快樂機制」。

天然的「快樂機制」是用來獎勵人的生存行為，例如吃飯、性行為等，能夠使人類大腦產生愉悅的感受。這種「快樂機制」透過化學物質「多巴胺」來傳遞。那些與目標無關的事情對大腦「快樂機制」的刺激遠比人類正常活動的刺激快速、強烈得多。當人習慣於這種外界持續的強烈刺激給自己帶來的快樂時，就很難再滿足於天然的「快樂機制」產生的興奮感了。

當人無法透過行動獲得感受和體驗的快感時，就喜歡享受當下的小事情帶來的即時滿足感。例如有人想考托福、想考研究所、想考博士班，一定需要經歷漫長的閱讀、學習和不斷練習的過程才能達成。

但人往往看一會兒書就忍不住拿出手機滑滑社群軟體、聊天。因為透

過這些簡單的事情，就能獲得「即時的滿足感」，而閱讀、學習、提升自己帶來的都是「延遲的滿足感」，無法在短時間內獲得足夠的滿足感，人就很容易放棄、拖延。

人之所以會有這種天生的「短視」，喜歡即時的回饋和滿足感，是由人類生存和演化的天性所造成。幾百萬年前，人類還在茹毛飲血，資源缺乏，吃了這一頓沒下一頓，大腦就會持續分泌化學物質，促使人類去尋找並攝入食物，食物的熱量愈高愈好，脂肪儲存得愈多愈好。如果沒有這種機制，人類可能存活不到今天。

可是遠離原始社會後，人類進化出更高級的控制單位，學會計劃，學會為了達成長期目標放棄短期利益。但人類大腦中原始的機制並未消亡，依然時時刻刻在與更高級的控制單位爭奪身體的控制權，使人孜孜不倦地尋求即時的滿足感。

嬰兒剛出生時，最原始的生理反應就是哭和笑。餓了就哭，吃飽了就笑，這就是即時滿足的反應。同樣，如果一件事能在短時間看到回饋或成果，人就很容易偏向於先做那件事。

這就是為什麼學習一個小時很難，而吃一個小時的零食卻很容易。因為每吃一口零食都有即時的回報，每個吃零食的動作都會得到相應的一口零食下肚，大腦很快就產生即時滿足感；而學習一個小時，則得不到明顯的成果或回饋。

這就是為什麼有人打開手機想背英文單字，卻鬼使神差地點開了臉書和 LINE；為什麼有人打開電腦想聽講座，卻不知不覺地看起了電影和追劇；為什麼有人晚飯吃了不少，睡前卻還是管不住自己伸向零食的手。這些行為的本質都是大腦的「原始機制」在做怪。

那麼，要如何克服這種「短視」呢？簡單來說，就是想辦法用「延

遲的滿足感」來替代「即時的滿足感」。延遲滿足絕不是壓抑自己的需要，只是適當地延遲一點再滿足，需要和自己的大腦做一個約定。

美國作家凱莉·麥高尼格（Kelly McGonigal）在《輕鬆駕馭意志力》（*The Willpower Instinct: How Self-Control Works, Why It Matters, and What You Can Do to Get More of It*）中提到一個方法：等待十分鐘。遇上誘惑，要求自己等待十分鐘。十分鐘後還想要，那就可以擁有，但等待的時候要常常想著長遠利益。這條策略可以總結為：創造一點距離，讓拒絕變得容易。

這個方法還可以運用到那些「我要做」但又拖延的事情上。對於這類事情，你可以告訴自己：先堅持做十分鐘，十分鐘之後如果不想做，就可以放棄。但只要不是特別厭惡的事情，開始做了以後就很容易忘記十分鐘的約定，不知不覺就會做很久。

有人可能會說這個方法在實際操作時很難執行。其實，難執行的原因在於人對延遲滿足的估值不同，會不會做出延遲滿足的關鍵在於人對延遲滿足在未來的估值高低。

例如，A 對 B 說，一年後，我給你一千萬元，條件是在這一年裡你不能使用手機。一年不能使用手機的條件對大多數現代人而言非常苛刻，B 能做到嗎？這要看一千萬元對 B 的價值高低。如果 B 是一位身價很高的超級富豪，一千萬元對他而言價值太低，他很有可能不理會這件事；如果 B 是個一般上班族，一千萬元對他而言價值很高，B 就很有可能可以做到。

人的大腦習慣對未來的獎勵打折，但每個人打的折扣並不一樣。有的人打的折扣較多，未來的獎勵對這類人的價值很低，因此他們比較容易選擇屈從於眼前的誘惑；有的人打的折扣較少，未來的獎勵對這類人

的價值很高，他們更關注未來的獎勵，並且會耐心等待獎勵到來。

當我們受到誘惑，要做與長期利益相悖的事時，可以嘗試想像一下：我們的行為意味著為了即時滿足感而放棄未來的獎勵；想像我們已經得到未來的獎勵，未來的我們正在享受延遲滿足的成果。問一問自己，你願意放棄它來換取正在誘惑我們的即時滿足感嗎？這套方法是為了增加「未來的獎勵」價值，有助於降低打折幅度。

對未來的期待愈大、愈清晰，折扣就會愈少，我們就愈願意放棄眼前的利益而追求長期的利益。因此，知道自己真正想要什麼非常重要。只有真正想要的東西能觸發內心的動機，我們才有可能放棄即時的滿足感。當一個人可以清楚地知道自己想要什麼，並且能常常自我提醒時，他就可以「以終為始」地做那些重要的事。

自制力不足，怎麼辦？

許多人把自己的行動力不足歸因為自制力差或自我管理能力不夠。例如，有人喜歡打電玩，以為是自己管不住玩性；有人喜歡吃，認為是自己管不住嘴；有人想好好做事，但就是管不住自己。

這些人的心中有這樣的假設：只要有足夠的自制力，就能夠管得住自己了，我就可以……，然後可以……，就能夠……

於是這些人透過網路、補習班等各種途徑學習自我管理的相關知識，彷彿學成後，就能增加自制力，改變自己的命運。而現實往往是他們學來學去，最後卻沒有太大的變化。

問題出在哪裡呢？是他們學習時不努力嗎？不是。是因為他們的問題其實和自制力的強弱根本沒有關係。

經歷過大學入學考試的人都有這樣的體會，備戰大考的那段時間，幾乎是人生中學習力和自制力的巔峰時期，可以夜以繼日地做很多練習題，可以念書到很晚，到了第二天，依然精神抖擻，能夠繼續奮戰。

　　奇怪的是，考上大學後，不像以前那麼緊張了，大部分人反而變得懶散，沒有之前的衝勁和毅力。這些人在假期中的狀態更糟，暴飲暴食、熬夜看劇、晚睡晚起是家常便飯。

　　為什麼會這樣？因為沒有目標？因為生於憂患，死於安樂？這些是結果，並不是原因。大家以為問題的核心，是自制力變弱了，這其實只是假象。真相是，保證高效運轉的其實是「習慣」，而不是自制力。

　　想一想大考前那種緊張的學習氛圍，我們被動地養成了多少習慣？每天規律地上課、自習、吃飯和睡覺。當時目標非常明確，每月、每週、每天需要學習或複習什麼，老師都早已替我們規劃和安排。

　　在那種環境下，人對一切都習以為常，就像每天早上起床後去刷牙、洗臉一樣自然。想一想人起床後盥洗的過程，即使我們睡眼惺忪，這套流程也仍然能精確無比、毫不費力地執行下去。這個過程需要自制力嗎？

　　同樣，大考前的複習生活，不需要太強的自制力。但進入大學後，一切都變得比較自由了。沒有了高中那種緊張的學習氛圍，我們便失去那些被動養成的學習習慣，於是出現了各種自我放縱的行為。

　　另一個迷思是，大家以為自制力一旦形成就取之不盡、用之不竭。其實自制力是有限的，就像肌力一樣。這個結論已被諸多心理實驗證實。當人饑餓難耐，面對一桌全都是自己喜歡的菜餚時，本來可以隨便吃，卻偏偏告訴自己要克制，不能吃；當人在一個本來可以放鬆享受生活的時刻，偏偏告訴自己要克制，不能休息、不能玩。

　　面對這樣的情景，每拒絕一次，自制力就消耗一分，如果面對的誘

惑太多，總會有個時刻，終究會「累」到無力抵抗。自制力的強弱與智商一樣呈常態分布。確實有人自制力超群，也有人自制力極差，但這兩種人在人群中的占比不高，絕大多數人都處在中間狀態，不好也不壞。

肌力有極限，自制力也有極限。生活中的誘惑非常多，靠後天鍛鍊養成的自制力根本不夠用。其實，菁英群體的高效率並非因為擁有超強的自制力，而是得益於後天建構的習慣系統。了解如何以有限的自制力建構習慣系統，形成自主自發的行為，才是好好做事的關鍵。

如何養成好習慣？我認為，可以從認知、行為和獎勵三個層面入手。

1. 認知

認知是養成習慣的主要條件，是指自己向自己解釋「為什麼」。例如：為什麼有人要養成早睡早起的習慣？因為他們相信早睡早起對身心健康有好處。為什麼有人要養成每天學習兩小時的習慣？因為他們相信這樣做對事業發展有好處。

相反地，為什麼有人對養成早睡早起和每天學習兩小時這種習慣並不在意？這可能是因為他們根本不相信這與身心健康和事業發展有關係。其實，身心健康與事業發展有沒有關係是「事實」，但是「認為」這兩者有沒有關係是「信念」。強化信念有助於獲得精神上的正向回饋。

2. 行為

習慣養成必須有規律地重複特定行為。例如，有人回家打開電腦，就會不自覺地先打開網路遊戲；有人一到辦公室，就會不自覺地先泡一壺茶。在養成新習慣的過程中，自制力就是用來修正那些會產生負面影響的舊行為，並將其替換為新行為的能力。

如果你平時有很多不好的習慣，在這個環節你會比較痛苦。例如，你平時有睡前一小時滑手機的習慣，現在要改成睡前一小時看書。這將

是與舊習慣反覆拉鋸的過程。因為要養成良好的習慣不只需要自制力去糾正舊行為，還需要在新行為結束時獲得一定的正向回饋。

3. 獎勵

獎勵是養成習慣的重要一環。為什麼壞習慣容易養成且難以改變？因為它們帶來的獎勵往往即時且明顯。好習慣難以形成，正是因為好習慣的短期獎勵不夠明顯。

健身、學習、寫作這些行為往往需要較長時間才能看到效果，有些人天生就能從過程中獲得精神鼓勵，但大部分人不能。因此我們需要適時給自己一些獎勵：例如記錄每天的成長和進步，時不時發個文自我鼓勵，達成小目標時，吃頓美食慶祝一下等等。

我們每天絕大多數的行為源自於習慣，就連思考本身也是如此。在驅動行為方面，養成習慣比提高自制力更有效。

第 **2** 章

累積勢能

一切變現都是勢能轉化的結果。經營流量生意要以流量勢能的轉化變現，經營產品要以產品勢能的轉化變現。在網路商業世界，勢能代表價值，直接決定了個體的變現能力。勢能愈高，單位時間內創造的價值愈大，變現能力愈強。持續累積勢能的過程就是個體不斷提升自我價值的過程。

01 勢能的價值轉化

▼▽許多人對勢能的概念並不陌生，但是他們在有了一點影響力之後，就急著變現，最終一事無成。勢能並非取之不盡、用之不竭，選擇正確建構勢能的方式，可以在變現的同時，讓勢能愈來愈高。建構勢能的循環系統，能夠讓勢能實現良性轉化。◿◣

如何透過勢能變現

物理學中的勢能，指的是儲存能量的狀態。勢能愈高，代表儲存的能量愈多。關於這一點，我們可以想像有一顆鐵球，鐵球的勢能高低與鐵球自身的重量成正比，與鐵球距離地面的高度也成正比。因此相同質量的鐵球放在不同高度時，高度愈高，勢能愈高；在不為零的相同高度下，鐵球的質量越大，勢能愈高。

根據能量守恆定律，勢能可以轉化成其他類型的能量。生活中比較常見的是勢能轉化成動能。想像一顆鐵球放在一個斜坡上，鐵球放置的位置愈高，擁有的勢能愈高，順著斜坡滾下後獲得的動能愈大；相同高度下，鐵球的質量愈大，順著斜坡滾下後獲得的動能愈大。

勢能轉化成其他能量不只是一種物理現象，也是網路商業世界中個體變現的本質。勢能愈高，變現的能力愈強。在網路商業世界中，勢能＝流量 × 品牌。勢能與流量成正比，與品牌價值也成正比。以鐵球為例，

流量相當於鐵球放置的高度，品牌價值相當於鐵球自身的質量。

如何把一瓶普通的可樂賣出更高的價格？

同樣一瓶可樂，放在超市銷售，是可樂原本的價格，放在高級餐廳銷售，就可能賣出比超市高十倍的價格。為什麼？因為位置不同，勢能不同，高勢能為可樂賦予了高價值，就能換來更強的變現能力。

商品變現如此，個體變現也如此。勢能到底有什麼用？勢能最大的作用，是在面對眾多價格類似、可以解決問題的同類型產品時，能夠使人很快決定選擇哪一個。

以補習教育產業為例，同樣是公開演講傳播思想或教人知識，拿一般時薪的講師變現能力，不如拿高額鐘點費的名師，拿高額鐘點費的名師變現能力，不如拿巨額出場費的王牌名師。

在補習教育產業，中國有個詞叫「講課民工」，是指靠每天講課維生，卻賺得很少的人。這些人的特點是幾乎每天都像一般上班族一樣朝九晚五地講課，月收入也像一般上班族一樣。

許多人羨慕補教老師的工作，認為是一份高薪職業，於是在不具備勢能優勢，甚至資歷尚淺時，就盲目地投身於這個行業，結果因為累積不夠、經驗不足，很容易淪為「講課民工」。他們可能工作不斷，但一直只能拿微薄的時薪。

當然，「講課民工」並不是沒有未來，持續授課能夠鍛鍊授課能力。一般隨著對知識的深入挖掘，經驗的不斷累積，課堂呈現效果的持續優化，也會出現一批名師。但名師大多不是因為在產業內做久了「熬」成的，而是累積了一定程度的勢能逐漸變成名師。因此從本質上看，這是一場拚比勢能的遊戲。

從「講課民工」到名師的轉化是一場質變。成為名師後，講課收入會

轉化為高額鐘點費。名師具備一定的勢能基礎，授課具備一定的稀有度。此時個體的商業價值顯現，變現能力將大幅度增加。

勢能累積到一定程度後，再來要在公開場合演講，收入會變成出場費，變現能力將進一步大幅度增加。拿出場費的 IP 通常不輕易露面，而且出場費通常並不是這些人主要的收入來源。這些人的公開演講具有很高的稀有度，而且具備很強的聚集效應，會吸引許多人慕名而來。

一般時薪、高額鐘點費和巨額出場費，表現了勢能大小對變現能力的影響。勢能愈高，變現能力愈強。高勢能對應強變現能力，中勢能對應著中變現能力，低勢能對應著弱變現能力。事實上，勢能的差距就是影響力的差距，是稀有度的差距，本質上也是競爭力的差距。高勢能帶來競爭力優勢，自然而然會加強變現能力。

無論是追求透過副業賺錢的上班族、自由工作者、獨立創業者，還是圈媽、團媽，所有想要在網路商業世界實現個體崛起、提升個體價值、獲得變現能力優勢的人，都有一個通用的方法：不斷增加自己的勢能。

如何有效累積勢能

要讓勢能持續累積，應該怎麼做呢？

這個世界有兩種典型的活法，一種是搭積木遊戲的活法；另一種是抽積木遊戲的活法。搭積木遊戲是堆疊積木，看誰搭得穩、堆得高、疊得美觀。抽積木遊戲是把已經堆疊出型態的積木依次抽出，誰抽完後積木倒塌，誰就算輸。

這兩種遊戲最後都是比輸贏，但搭積木遊戲玩到最後，輸家雖然輸了，卻堆疊出屬於自己的積木型態。抽積木遊戲玩到最後，贏家雖然贏

了，但所有積木倒塌，除了贏的感覺，其他什麼都沒有。

如果不斷重複搭積木遊戲，就算每次都輸，但每次都能得到一個屬於自己的積木型態，每次都有收穫。如果不斷重複抽積木遊戲，不但沒有永恆的贏家，而且無論重複多少次，所有玩家最後依然都什麼都沒有。

搭積木遊戲的核心邏輯是累積，是做加法；抽積木遊戲的核心邏輯是耗損，是做減法。選錯人生的活法，就注定會輸。選擇搭積木遊戲的活法，就算輸，也有所收穫。選擇抽積木遊戲的活法，就算短期內會贏，最終也必然會輸。

個體崛起必須累積勢能，正確累積勢能的方法是讓自己玩一場搭積木遊戲，而不要陷入抽積木遊戲中。

當一個人玩搭積木遊戲時，就永遠不會輸；當一個人陷入抽積木遊戲時，就算贏了一次也早晚會輸。如何讓自己立於不敗之地？那就是讓自己玩一場搭積木遊戲。真正的贏家不是贏了一次的人，而是笑到最後的人。輸了一次的人不是輸家，無論怎麼玩注定會輸的人才是。

如果你不明白這個道理，無論做什麼，都很難獲得發展。許多職場工作者認為透過跳槽來升職加薪是職場發展的必經之路，然而這種情況成立的前提通常是跳槽到更小的公司，獲得更高的薪水或職位，也就是將原來在大公司累積的高勢能變現。因此很多人雖然一路跳槽，薪水或職位都在升，但是所在的公司卻愈來愈小。

幾年前有個朋友想找我一起創業，做一個針對人力資源管理客層提供服務的線上學習平台，相當於人力資源管理領域的「得到」App。他做這件事的利基點是他經營的人力資源管理領域的微信公眾號和微博，累積了數十萬粉絲。

他希望我加入這個平台，擔任知識策劃人，主要的工作是為平台設

計課程內容體系，尋找和培養講師團隊，幫助講師設計和審核課程內容。我的角色是在幕後打造平台，成就別的講師。作為回報，我能獲得比目前高20%的月薪和公司30%的股份，而且我那位朋友口頭承諾只要獲利，就會按股份比例給我分紅。

我那時在一家上市公司擔任人力資源總監，第二本書剛出版不久，銷售動能還沒起來，勢能不高。當時我正好有創業的打算，但還沒想好方向。有朋友勸我加入這個創業計畫，說這樣我就正好不用思考創業方向，可以抓住這個現成的機會。我想了想，最後沒加入，原因如下：

1. 無法累積我的個人勢能

勢能不等於能力或經驗。這件事雖然能夠在部分層面增加我的個人能力和經驗，但就算這個平台成功，也並不會讓我本人獲得比較高的勢能和增值，這一點想想得到 App 就可以理解。得到 App 幕後的知識策劃人是誰？這個問題也許只有得到 App 的深度用戶才知道。但羅振宇是誰？許多從來不使用得到 App 的人也知道。

論創立知識平台的能力和經驗，和羅振宇一起創業的得到 App 幕後知識策劃人就算比不上羅振宇，也不會差異太多，但羅振宇的個人勢能顯然遠高於得到 App 的知識策劃人。既然同樣需要付出，我為什麼不把時間用在累積個人勢能，而要用在成就一個平台上呢？而且成就平台的核心邏輯與上班沒有本質差異。

2. 決策和收入的不可控性

在股權管理中，有三個重要數字，分別是66.7%（超過2/3）、51%（超過1/2）和33.4%（超過1/3）。擁有66.7%的股權代表對公司有絕對控制權，可以決定公司的一切重大事項；擁有51%的股權代表對公司有相對控制權，基本也可以進行對公司的控制；擁有33.4%的股權就擁有一

票否決權，雖然不能直接決策，但對股東會的決策有一票否決的權利。

我那位朋友承諾給我 30％的股權，30％的股權代表什麼？代表我沒有實際影響力，只能聽命於公司的整體決策。先不說這個平台年底很可能不會獲利，就算每年獲利，但如果公司決定不分紅，而是把所有收益投入未來發展，這時我就一點辦法也沒有。

3. 失敗風險和不可持續性

前面的分析很多是基於這個平台會成功的前提而論，但創業的成功率是多少呢？許多資料顯示，中國整體的創業成功率大約為 20％。如果做平台的過程不能為自己累積勢能，一旦失敗，滿盤皆輸。許多人甚至都不想把這段經歷寫進履歷裡，除了後來獲得巨大成功的人，大多數人都不願提及自己曾經失敗的創業經驗。

那個朋友雖然有粉絲，想透過知識付費變現，但經過交流，我發現他顯然沒有想好整個商業模式。同時，他的粉絲數量成長已經遇到瓶頸，目前的知識付費變現更多的是在現有粉絲中進行。知識付費想要持續獲得收益，必然要不斷產生新內容讓既有用戶購買，或者就是要不斷尋找新用戶購買既有內容。

對尋找新用戶，他沒有太多的辦法，因此壓力將全部落在如何產生新內容。但知識類內容本身就具有一定的消耗性，就算先不考慮不同內容對於付費用戶的吸引力不同，就算把內容不斷做深做細，也總有內容枯竭的時候。

我可以想像我參與這個創業計畫後會出現的場景，一開始相安無事，而且業績不差。但做著做著，銷量開始下降，用戶購買量減少，找不到新的成長點。他開始怪內容品質不行，我開始怪他不能持續吸引新的粉絲，而且目前看來這是個無解的問題。不具備可持續性，商業邏輯不通，

這樣的計畫沒有參與的必要。

　　我在思考要不要參與這個計畫時，想明白了很多事，後來全副心力投入做自己的內容產品和打造個人 IP。做好自己，我很確定是在玩一場搭積木遊戲；參與他的創業計畫，我很有可能是在玩一場抽積木遊戲。

　　後來，我這個朋友找了其他幾個朋友一起創業，我沒有直接參與創業計畫，而是以平台合作講師的身分參與。幾年後，這個學習平台果然出現了我提到的問題。如今這個平台還在，但已經名存實亡。而且因為這種商業模式的門檻低，同時期先後出現了大量同質性的線上學習平台，競爭異常激烈，目前只有少數幾個頂尖平台仍具備獲利能力。

　　而我在所有能投放的線上學習平台，都投放了我的線上課程。平台為了營利，需要想盡辦法推廣優質師資的優質課程。同質性平台在競爭過程中，會觀察各個老師的課程銷量。課程銷量愈高，平台愈有意願主打。這就形成了馬太效應，我的課程因為內容品質較高，在各大相關平台都比較受歡迎。結果是每個平台都在推廣我的課程，大量新進入市場的平台也希望能與我合作。

　　只要對我有利，我都樂於與這些平台合作。我依然在玩搭積木遊戲：平台愈樂於推廣我的課程，我的勢能愈高，我的曝光率也因此提高。用戶在許多線上學習平台都能見到我，這種曝光則對我的勢能有所增益。

　　而許多平台都在玩抽積木遊戲：很多平台只是經營者在有了粉絲後，想到短期的獲利方式，卻沒想過長遠的發展；這種耗損式變現模式很快就會走到盡頭，最後很難剩下什麼。

　　對於個體而言，如果發現自己在抽積木遊戲中，一定要盡快抽身。我們要把自己置身於搭積木遊戲，不斷提升自己的勢能。這時候就算變現對勢能有一定的耗損，我們也可以透過搭積木不斷補充勢能。

如何防止勢能耗損

只要變現，就意味著勢能耗損。勢能如果無法獲得補充，長期下去總會有消耗殆盡的一天。如何能持續變現，又能讓勢能持續累積呢？

有這樣一道數學題：

> 有一個空的蓄水池，裝有一條進水管和一條出水管。如果只開進水管，4 小時可以把水池注滿；如果只開出水管，5 小時可以將滿池的水放完。面對一個空的蓄水池，若進水管和出水管同時打開，水池多久能夠裝滿水？

4 小時可以把水池注滿，可知打開進水管後，水池每小時增加 1/4 的水；5 小時可以將滿池的水放完，可知打開出水管後，水池每小時會減少 1/5 的水。同時打開，水池每小時將增加 1/20（1/4-1/5）的水，因此注滿水池需要 20 小時（1÷1/20）。

這道題目其實不只是個數學問題，還有勢能建設和運用的隱喻。勢能就像一個大水池，可以叫勢能池。勢能池也有兩個口，一個是勢能累積的進水口，另一個是勢能變現的出水口，如圖 2-1 所示。

圖 2-1　勢能池示意圖

勢能累積是為勢能做加法，勢能變現是為勢能做減法。當勢能累積速度大於勢能變現速度時，勢能池水位將不斷增加。這是一個健康優質的勢能轉換過程，是搭積木遊戲。當勢能累積速度小於勢能變現速度時，勢能池水位將不斷減少，是抽積木遊戲。

持續累積勢能，讓勢能池裡的水位持續增加，就算同時有部分勢能在變現轉化，但由於不斷有新的勢能補充進來，勢能池也能夠形成循環系統。形成勢能循環系統後，勢能才會不斷增加，運用勢能變現轉化時才不會陷入抽積木遊戲，進而維持勢能的持續性和有效性。

該如何搭建勢能循環系統呢？關鍵在於管理勢能池的入口和出口。

在勢能池的入口方面，要注意建立規劃、設定目標和落實行動。

我身邊有很多「學霸」，進入社會後不久就開始抱怨，懷念校園生活。學校的生活有標準可以參考，不但目標明確，而且實現目標的方法也很明確，有足夠的確定性，他們只需要在填鴨式教育的規則體系下努力學習並考出好成績，就可以在這套系統獲得高勢能。然而社會系統是複雜的，一方面很多人進入社會後並沒有勢能累積的概念，另一方面就算他們有勢能累積的概念，勢能累積的方法也不像學校教授的知識系統那樣明確。社會系統的誘惑很多，大量的精神娛樂活動不知該如何拒絕；機會很多，但好像又沒有適合自己的；成功案例很多，但不知道自己能從中借鏡什麼。

其實，想要在社會系統累積勢能，只要提前制定規劃、設定目標、落實行動，就能把腦海中的抽象概念變成可執行實踐的行為。例如，我累積勢能的第一步發生在圖書領域。為何選擇圖書領域？原因如下：

1. 圖書自古以來就是高勢能的象徵

出過書的人一定程度上比沒出書的人所具備的勢能高。許多從事人力資源管理顧問和培訓的老師也出過書，這時候如何讓自己的勢能變得更

高？兩個方法，一是大多數老師只出一兩本書，我出了二十多本書，在人力資源管理各領域都做精、做細，在數量上形成明顯優勢；二是大多數老師的書銷量都一般，而我成了暢銷書作家，在銷量上形成明顯優勢。

2. 圖書能夠量化比較，且可以落實行動

出多少本書？主題是什麼？寫多少字？這些都能量化，而且能透過圖書策劃形成具體的目標和行動計劃。這樣就很像學習系統有明確的規則，只需要在這套系統下落實行動，就可以累積勢能。例如若是目標是在三年內成為圖書銷量達百萬冊的暢銷書作家，那麼可以寫一本書賣一百萬冊，可以寫十本書每本賣十萬冊，也可以寫五十本書每本賣兩萬冊。

3. 圖書具有持續性，可以持續累積勢能

一本書出版後，在市場上的影響至少可以持續五到十年，有些個人IP 的經典書籍銷售數十年也很常見。寫書是邊際成本很低的事，非常值得做。書在，勢能累積就不斷持續。我現在出版的圖書每賣出一本，就多一位讀者，勢能值就增加 1。我每多出一本書，就多了一個可以累積勢能的通道，勢能成長的速度就會變快，相當於勢能池的進水口變大了。

我喜歡以終為始，看自己希望在五年後、十年後、十五年後和二十年後分別是什麼樣子，想像那時候的畫面，然後回到現在，我就知道現在該做什麼。知道現在具體應該做什麼，是一件非常重要的事。許多人正是因為沒有這樣的規劃，才會導致日常行為混亂、沒有章法。

在勢能池的出口方面，要注意以下三點：

1. 不要剛累積起勢能就急著用

對很多人而言，一開始的勢能池是空的，剛開始的首要任務是多累積勢能，而不是急著變現。例如有些自媒體剛累積了一些粉絲，就急著開班授課或帶貨賺錢，在沒有與粉絲建立情感聯繫前，商業意圖過於明顯，

很可能導致既沒實現變現，還掉了一大批粉絲。

2. 勿濫用勢能，不能為了變現失去原則與底線

大家常說「愛惜羽毛」就是這個道理，不然可能會讓勢能池瞬間清空。例如，有些自媒體為了賺廣告費，接了高投訴風險且難以判斷產品品質的廣告，很可能會因為這些產品出問題而口碑崩塌。

3. 發現自己處在抽積木遊戲時，立即停止

變現前，要想好商業模式和變現模式。變現可以，但不能讓勢能池出現水位減少大於增加的狀況。例如當發現變現效率下滑，找不到適合的產品進行變現，不知道接下來該做什麼時，要先靜下心來思考規劃。

02 獲得勢能的三個方向

◤◸如何獲得勢能呢？常見獲得勢能的方法有三種，分別是搭建勢能、借助勢能和交換勢能。搭建勢能是讓個體崛起成為巨人，借助勢能相當於站在巨人的肩膀上，交換勢能則是先為巨人服務，再讓巨人為自己服務。勢能並非只在單一面向上存在，多面向的勢能可以形成增益，讓個體獲得獨特的競爭力。◿◢

如何搭建勢能

搭建勢能是最直接獲得勢能的方法。如果自己本身能夠成為特定領域的專家，自然就能獲得高勢能。然而要注意的是，單純的專家身分並不等於高勢能，因為專家身分的同類項目依然較大，而且在網路商業世界中，有些在領域內只有三年以上經驗的人也會自稱專家，因此單純的專家身分無法表現出差異。

搭建勢能的方向是讓其他人認為自己是專家，但不能直接說自己是專家。如何做到呢？常見的方法有以下八種：

1. 出版書籍

出書是搭建勢能最好的方法之一。一個人無論口頭上表示自己有多麼專業，多麼值得信賴，都不如出一本書有說服力。對於個人而言，出書能引發勢能的質變，能讓原本位於較低層次的勢能瞬間推升。

2. 成為第一

人很容易記住第一，卻很難記住第二，「第一」能瞬間引起人的興趣。因此，成為某個領域的第一是搭建勢能的絕佳方法。例如出版品銷量第一、某平台線上課程的銷量第一、某領域的粉絲量第一、某類型文章的閱讀量第一、某類服務的好評率第一等等。

3. 創造成果

這裡的成果是指在產業內處於頂尖，具備一定影響力的作品或產品。例如，在核心期刊發表過論文、在著名影視作品擔任首席編劇、在知名綜藝節目擔任策劃人、主導設計引領風潮的產品等等。

4. 權威地位

如果你曾經身處權威位置，也能夠搭建勢能。例如曾經在《財星》世界 500 強企業，如蘋果、Google、華為、阿里巴巴、騰訊等知名企業擔任高階主管；參與過權威專案，如曾經擔任麥肯錫（McKinsey & Company）、羅蘭貝格（Roland Berger）、埃森哲（Accenture）、IBM 等著名顧問公司的管理顧問，或者曾經有知名企業諮詢服務經驗。

5. 累積粉絲

在網路商業世界是「粉絲為王」。粉絲多相當於高關注度和高認知度。因此，在主流自媒體平台擁有大量粉絲也能夠搭建勢能。當你具備足夠的粉絲數時，就算不使用前四種搭建勢能的方法，依然能夠搭建自己的勢能。

6. 獲得資源

取得稀有資源是搭建勢能的好方法。例如爭取證書授權，設立教育培訓單位或成為講師；或者設計一套課程，並取得課程版權。當課程內容較好、市場空間較大時，你既可以做培訓方，又可以做課程授權方。

7. 證書認證

考取業界比較權威的證書，獲得業內權威機構的認證也是一種搭建勢能的方法。例如被網友稱為「中國第一考」的註冊會計師考試難度較大，這類證書在財務領域的含金量非常高。此外，還有成為權威機構的認證專家等等。

8. 學習深造

如果學生時代沒有獲得名校的標籤，可以繼續學習深造，參與業界相關權威機構的培訓，例如進修商學院的 MBA 課程。

如何借助勢能

除了搭建勢能，還可以借助勢能，簡稱借勢。借勢相當於站在巨人的肩膀上借用巨人的高勢能。借勢的原理是借力使力，快速建立高勢能與自己的關係，將高勢能與自己「綁定」，進而讓自己也獲得高勢能。

常見借助勢能的方法有以下五種：

1. 借助名人勢能

借助名人的勢能是常見的借勢方法之一。為圖書尋找推薦人，就是借助勢能的典型表現。有了推薦人，就等於擁有名人背書。如果推薦人的勢能夠高，就算書籍作者名不見經傳，依然能讓圖書獲得高勢能，進而獲得高銷量。

借助名人勢能有以下多種表現形式。

（1）解讀業界頂尖人物的思想和經歷。

頂尖人物的思想與經歷具備較高的勢能。例如企業管理領域可以解讀馬雲、賈伯斯（Steve Jobs）、馬斯克（Elon Musk）、貝佐斯（Jeff

Bezos）等，金融投資領域可以解讀巴菲特、彼得林區（Peter Lynch）、索羅斯（George Soros）等，文學創作領域可以解讀魯迅、金庸、莎士比亞（William Shakespeare）、海明威（Ernest Miller Hemingway）等等。

（2）翻譯國外產業界頂尖人物的著作。

國外產業界頂尖人物可能有很多還沒有引進當地的著作，可以嘗試聯繫對方，幫他們翻譯作品，把他們的作品引進當地。

（3）解讀業界頂尖人物的著作。

解讀業界頂尖人物的著作也是一種借助名人勢能的方法，具體形式可以是讀書分享或導讀。頂尖人物的著作可能很多人都沒看過，看過的人也可能理解不深或記不住其中的要點，因此解讀頂尖人物的著作有比較大的市場空間。在解讀頂尖人物的著作時，可以將頂尖人物的觀點與自身的經歷與主張相結合，也可以化書成課。

2. 借助經典思想勢能

除了借助名人的勢能，還可以借助經典思想的勢能。所謂經典思想，是指廣為流傳、深入人心、大眾認可的思想、學說或方法論。這些學說大家通常早有耳聞，但又不知道具體內容，這種資訊差可以形成高勢能。

若是你的專業領域是國學，則諸子百家核心思想的勢能都可以借助，例如比較經典的有儒家思想、道家思想、墨家思想等。如果專業領域是管理學，則經營管理領域核心方法論的勢能都可以借助，例如精實管理、稻盛和夫的阿米巴經營、股權激勵、合夥人制度等等。

我的人力資源管理領域也有許多經典的方法論，例如：目標與關鍵成果法（Objectives and Key Results, OKR）、平衡計分卡（The Balanced Scorecards, BSC）、關鍵績效指標（Key Performance Indicators, KPI）、人力資源業務夥伴（Human Resource Business Partner, HRBP）、組織發

展（Organization Development, OD）、學習發展（Learning Development, LD）、人才發展（Talent Development, TD）等。

許多人力資源管理者為了迅速獲得勢能，借助這些經典方法論為自己貼標籤，相當於把自己與經典方法論綁定，讓自己迅速在人力資源管理講師生態中找到屬於自己的位置，借此實現高效率的單點突破。

3. 借助成功經驗勢能

每個領域都有成功經驗可以借鏡，借助成功經驗是一種借勢的好方法。例如哈佛「學霸」的學習經驗、GRE 滿分經驗、蘋果產品設計經驗、阿里巴巴 B2B 鐵軍銷售成功經驗、小米創業成功經驗、字節跳動用戶成長經驗等等。

4. 借助甲方勢能

合作過的甲方也是借勢的來源之一，甲方的勢能愈高，愈值得借勢。例如蘋果供應商、阿里巴巴合作夥伴、知名網路遊戲美術設計合作、知名教育輔導機構合作師資等都可借助甲方的勢能。借助甲方勢能還可以展現自身專業性和經驗。

5. 組團共同學習

接近高勢能者，或者主動聚集一批高勢能者，與高勢能者共同學習，也是一種有效的借勢方法。例如聚集企業家成立私人董事會，並成為私人董事會教練；組織自媒體相互交流粉絲成長經驗，相互支持和推薦；借助學習社群與高勢能者建立聯繫等等。

如何交換勢能

除了搭建勢能和借助勢能，還有其他獲得勢能的方法嗎？有，還可以

交換勢能。聰明的人努力讓自己獲得高勢能，機智的人能夠借助高勢能，有智慧的人懂得交換勢能。

愛爾蘭劇作家蕭伯納（George Bernard Shaw）有句名言：「你有一個蘋果，我有一個蘋果，彼此交換，我們仍然各有一個蘋果；但你有一種思想，我有一種思想，彼此交換，我們就有了兩種思想，甚至更多。」不僅思想交換如此，勢能交換也如此。有效的勢能交換不但不會減少彼此的勢能，反而能讓彼此的勢能增加。常見的交換勢能的方法有以下兩種：

1. 相互推薦

高勢能者相互推薦、相互幫助、相互背書，不只能夠形成勢能的滋養效應，而且可以形成「抱團取暖」的態勢。許多自媒體意見領袖相互幫助，自發形成流量矩陣聯盟，時不時地相互稱讚就是這個道理。

例如在影音網站「嗶哩嗶哩」（bilibili）上投放影片的人被稱為「UP主」，嗶哩嗶哩為廣大 UP 主賦予了自媒體和社交的雙重屬性。官方不但鼓勵相同領域的 UP 主互動，而且鼓勵不同領域的 UP 主相互推薦。這樣做既能提高影片內容的豐富程度，又能加強粉絲黏著度。

2. 資源交換

當雙方的勢能量級不對等時，可以用資源來交換勢能。用資源交換勢能就是用目前的資源獲得對方的高勢能加持。例如自媒體以核心資源與高勢能者合作宣傳，自媒體獲得報導高勢能者的機會，高勢能者獲得免費曝光。

我有個朋友，本來名不見經傳，經營一個自媒體帳號。他經營的領域是個人成長與職場發展，這個領域的競爭非常激烈，有不少具有影響力的高勢能大咖。如果沒有高勢能或獨特的內容，一般人很難在這個領域出線。

面對這個局面，他要如何崛起呢？他採取的方法是採訪高勢能大咖，把大咖的故事變成自己的自媒體文章，並且總結這些人成功的方法論，將這些變成自己的工具和方法論體系。到哪裡找這些大咖呢？這些人為什麼要接受他的採訪呢？

他當時採取的主要方法有兩個，一是到知識技能共享平台「在行App」約見這些大咖，先以請教問題的名義付費約見，然後在談話中說明目的；二是報名參加這些人的付費課程。由於他態度誠懇、虛心求教，因此很多大咖都願意接受他的採訪，並表示願意把自己的成長故事放在他的自媒體文章中。

他先後採訪了一百位大咖。借由這個機會，他結識了這些人，讓自己獲得強大的勢能加成，而且把自己的自媒體帳號做了起來。

如何應用多維勢能

如何讓勢能具備最大的競爭力？如何在勢能發展實現錯位競爭？在某條賽道（領域）成為頂尖後，變現方式有限，或發現是抽積木遊戲，該怎麼辦？

如果只從單一維度理解勢能，勢能就像一個水池。如果從多維度理解勢能，勢能其實處在一條賽道。單維度勢能的競爭力和變現能力通常有限，為了提高競爭力，增加獨特性，已經在特定賽道獲得高勢能的個體可以考慮在多個維度上建立勢能。競爭力下降、同質化嚴重、變現能力有限、勢能持續耗損等問題都可以透過多維勢能來解決。

中國相聲表演藝術家馮鞏曾說：「相聲界我演戲演得最好，演員界我導演導得最棒，導演界我編劇編得最巧，編劇界我相聲說得最逗。這

年頭玩得就是綜合實力。」這段話非常生動地說出了多維勢能的作用。

單維度的勢能往往有一定的局限性。例如以學歷而言，有人用畢業於清華大學這個單維度來建立勢能，且不說在學歷這個單維度，清華大學並不是唯一的頂級學府，因為頂級學府還有牛津大學、史丹佛大學、哈佛大學等等。

就算清華大學的勢能在中國是最頂級的，這個單維度勢能可能只在學習和與考試相關的教育培訓領域有效，而且清華大學每年的畢業生大約有四千人，雖然數量不多，但單維度的畢業於清華大學並不具備特別明顯的競爭優勢。只有加上其他賽道的勢能，才能增加競爭力。例如，「寫書哥」的勢能標籤是這樣的：

1. 清華大學畢業，擅長數據分析

畢業於清華大學的高勢能說明「寫書哥」是學霸型人才，為後半句「擅長數據分析」提供了證據。

2. 資深圖書企劃，年出版一百多本書

圖書企劃的高勢能說明「寫書哥」的主業，這能讓很多有寫書和出書想法的人眼前一亮。

3. 一年時間粉絲數從零漲到二十多萬

這說明「寫書哥」粉絲成長的高勢能，許多人看到這句話第一時間想到的是「他是如何做到的？」這能讓有相關需求的人眼前一亮。

4. 微博寫作訓練營擁有三千多名學員

付費社群的高勢能說明「寫書哥」的課程品質高。「寫書哥」的學員，有很多是活躍的微博中小 V。加入他的課程，既能相互學習，又能相互支持，這讓想抱團取暖的人眼前一亮。

多維勢能可以形成交叉結構，讓個人 IP 變得更綜合、更立體，不只

能讓自己從更多管道被認識，還能擁有更強的競爭力、更多元的產品、更多樣的機會和變現方式。本質上，多維勢能提供更大的可能性和想像空間。多維勢能有助於形成個人 IP 差異化，更有助於形成獨特的個人 IP。

例如，韓寒的標籤是作家、導演、賽車手，他在這三條賽道都成了頂尖。他透過作家賽道擴展到導演賽道，在導演賽道拍了兩部電影並迅速崛起，當他把導演賽道和賽車手賽道融合時，他拍攝了第三部電影《飛馳人生》，如圖 2- 2 所示。

電影《飛馳人生》總票房 17.03 億人民幣。作為電影圈的新人，韓寒可以算是非常成功了。多維勢能讓韓寒實現了錯位競爭，甚至成功進行了跨界競爭。

《飛馳人生》是一部非常具有韓寒個人風格的電影。電影中不只有韓寒式的人物塑造方法、韓寒式的敘事手法、韓寒式的幽默表達，還充滿大量專業的賽車知識。一般導演拍這類電影時，很容易弱化賽車的專業性而強調故事，但《飛馳人生》中的賽車知識卻非常專業。

作家韓寒、導演韓寒、賽車手韓寒，韓寒成了作家中最會賽車的人，賽車手中最會拍戲的人，導演中最會寫作的人。韓寒讓自己成為一個獨一無二的個體，韓寒不像任何人，韓寒就是韓寒。

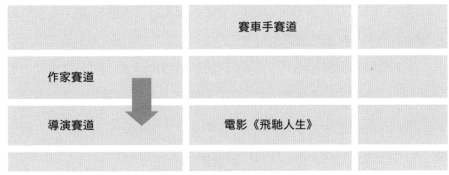

圖 2-2　韓寒的賽道與作品

我自己也是如此，在我的個人簡介，我的勢能標籤通常這樣描述：

1. 中國人力資源管理類別圖書總銷量位於前端，是中國出版人力資源管理類別書籍數量最多，也是中國人力資源管理實戰類型各類著作非常完整的個人 IP 之一。（圖書出版高勢能）

2. 中國人力資源管理線上課程領域總學習次數位於前端，付費線上課程播放量超過百萬次，免費線上課程播放量超過五百萬次。（線上學習高勢能）

3. 長年為多家上市公司提供企業管理和人力資源管理顧問服務，上市公司企業家私人董事會成員。（線下諮詢高勢能）

4. 新浪微博百萬粉絲意見領袖，線上作品點擊量超過一億次。（自媒體影響力高勢能）

5.《財星》世界 500 強、百億 A 股上市公司人力資源發展（Human Resource Development, HRD），十五年以上管理經驗。（管理職位高勢能）

6. 中國的工業和信息化部「質量品牌公共服務平台」專家。（權威機構背書高勢能）

7. 註冊國際高級職業經理人（CISPM，ACI 認證），國際註冊高級人力資源管理師（ICSHRM，ACI 認證），國際註冊高級職業培訓師（ICSPL，AIVCA 認證），中國的國家一級人力資源管理師，國家二級心理諮詢師。（證書認證高勢能）

在企業培訓這個領域，很多人只有單維度勢能，局限性非常明顯。例如有些人借助知名企業勢能，為自己貼的標籤是曾經在華為、阿里巴巴、騰訊等公司任職，有的人借由這個標籤出過與知名企業相關的一、兩本書，就開始培訓講師生涯，授課內容與知名企業緊密掛鉤。

這種模式也許一開始有效，但時間一長，就變成一場抽積木遊戲。

因為他們已經離開知名企業，離開的時間愈久，知名企業的標籤就愈無法成立。這就是為什麼很多人在離開知名企業後一開始做培訓講師，做了一段時間後發現客戶明顯減少，後來就自己創業成立管理顧問公司，或者到管理顧問公司任職，成為管理顧問。

最後需要特別提醒的是，多維勢能雖好，但並不適用於所有人，尤其是目前還沒有在特定賽道成為頂尖的人，不要企圖在多條賽道上齊頭並進建立高勢能。你至少要在一條賽道成為頂尖後，再考慮向多維勢能發展。

03 人際關係圈就是商業價值圈

▼▽ 勢能最終總能歸結到人，優質的人際關係有助於累積勢能。有句流傳已久的話是這麼說的：「一個人能獲得多大的成就，看他身邊的朋友就知道。」這句話說出了人際關係的重要性。人際關係圈中勢能最高者的影響力，往往決定了個體能夠獲得的最大影響力。人際關係是資源，是可能性，是價值泉源。 ▽◢

如何建立人際關係

為什麼有的人很難建立人際關係？建立人際關係的正確方法是什麼？許多人抱怨自己沒有人際關係，也不知道如何建立人際關係。根據1967 年米爾格蘭（Stanley Milgram）提出的六度分隔理論，世界上任兩個人間隔的關係，不會超過六度。也就是說，當一個人想要與世界上任何一個陌生人建立關係時，最多需要找六個人。因此與其說自己沒有人際關係，不如說自己從來沒有主動嘗試建立人際關係。

建立人際關係要講究方法，比較關鍵的方法有以下三種：

1. 人際關係是給予，而不是索取

我剛工作的時候還沒有微信，常會見到一些西裝筆挺的人到處和人交換名片；有了微信以後，這些人開始到處加微信好友。這些人的做法算是建立人際關係嗎？當然不是！有對方的聯繫方式不等於擁有和對方

的人際關係。

這時候一定有朋友說，除了聯繫方式，還要和對方聯絡感情。於是我們總能見到這樣的人，偶爾策劃活動、安排聚會，把朋友約出來，活動中常常伴隨著沒有任何目的的聊天。這些人把這種做法看成聯絡感情、建立人際關係的方式。但這樣做能建立人際關係嗎？

多數情況下是不行的。實際情況是，真的到了自己需要幫助的時候，才發現身邊大多數是「酒肉朋友」，才頓悟自己在絕大多數情況下做的都是無效社交。

為什麼會這樣？因為很多人在建立人際關係的一開始就做錯了。建立人際關係的第一步是站在對方的角度思考問題，而不能只站在自己的立場。我們需要對方，但對方需要我們嗎？許多人單方面抱著「我不會提供你任何價值，但我想利用你」的心態去交朋友，這樣的朋友誰敢交？

建立人際關係的本質是給予，而不是索取。建立人際關係不需要和人成為生死之交，只需要自己能夠在某些方面幫助對方。如果不能為人帶來任何幫助，就不要期待對方能幫助自己。反過來，如果能為人帶來幫助，對方自然而然就會願意和你建立人際關係。

2. 人際關係建立的條件，是對等交換

建立人際關係的最好方法，是讓自己成為某個領域的頂尖，讓自己擁有高勢能。商業世界一切貿易的實質都是交換，人際關係也是如此。無法提供對等交換的人際關係很難建立，就算能夠與這些人建立聯繫，也很難展現價值。

我寫完第一本書時，希望能邀請一位網路意見領袖幫我寫推薦文。於是我非常真誠地找了他三次。當時我以為是這位網路意見領袖比較忙，沒看到我的訊息，還找到他的助理幫忙聯繫，結果這位網路意見領袖完

全不理我。那時我有些生氣，現在回想起來，覺得他做得沒錯，是我當時太年輕。

商業社交溝通中有個現象：勢能對等的人，才有彼此對話的可能性。一般人平白無故找任正非、馬雲、馬化騰、王健林對話，幾乎是不可能的。這些人之間才存在對話的可能性。勢能對等的背後是勢能交換的可能性，換句話說，有勢能交換可能性的人，才有建立人際關係的可能性。

高勢能者的時間成本高，他們之所以能位居高勢能，也源於他們珍惜時間，懂得運用時間。低勢能的人找高勢能的人，從時間成本的角度來看，連讓對方回應自己都不一定能做到，更不要說一上來就期待對方幫助自己或與對方建立人際關係了。

有段心靈雞湯是這麼說的：「如果有人幫了你，你把這件事告訴大家，願意幫你的人會愈來愈多；如果有人幫了你，你藏著掖著，怕讓人知道，幫你的人說出來之後你還不高興，願意幫你的人會愈來愈少。」這段話在生活中也許有效，但在能夠兌換商業價值的人際關係問題上則是無效。

可能有朋友會說：「不對啊，經常聽說一些高勢能者幫助低勢能者的案例啊！」是的，出現這種情況通常有三種可能：

（1）低勢能者的親戚或朋友是高勢能者。例如比爾・蓋茲（Bill Gates）從名不見經傳到創業成功，得益於他母親瑪麗・蓋茲（Mary Gates）的人際關係。

（2）低勢能者具備在未來成為高勢能者的潛質。例如馬雲當年找孫正義做風險投資時，馬雲只說了不到六分鐘，孫正義就答應了。孫正義正是看準馬雲未來會成為高勢能者。

（3）幫助低勢能者會讓高勢能者得到好處。例如，有的企業家定期參與論壇或講座當分享嘉賓，為創業者授課並答疑解惑，幫助事業剛起

步的創業者找投資專案。這麼做既能幫助低勢能者，又能讓自身得到曝光，增加他人對自己的認知，為企業品牌和個人品牌做宣傳，還能為自己找到好的投資專案。

3. 關鍵事項兌現人際關係價值

人際關係的應用是有條件的，並且有一定的耗損。因此要在關鍵事項兌現人際關係價值，不要在小事耗損人際關係。

此外，就算勢能對等，也不要浪費彼此的時間。人際關係不是靠吃吃喝喝建立。在中國，商務應酬有個奇特現象，做生意前，先要喝幾次茶或喝幾次酒，來來回回，正事不談，先把形式做足。其實有沒有合作的可能性，交談幾句就能夠判斷，不需要喝茶、吃飯。

基於這一點，很多無來由請我喝茶或吃飯的應酬，我一概拒絕；三分鐘內說不清楚緣由的電話，我會找個理由掛斷。我的拒絕並沒有讓商業合作減少，反而愈來愈多，因為所有合作其實都可以在短時間內高效率達成。

如何應用人際關係

大多數的人不是沒有人際關係，而是有人際關係不會用。

若想有效應用人際關係，可以從三個方向入手，如圖 2-3 所示。

1. 需求──我的需求是什麼？

應用人際關係的第一步，是確定自己的需求。這裡的需求可以是短期需求，對應短期目標；也可以是長期需求，對應長期目標。有很多社交正是因為一開始沒有任何目的才淪為浪費時間的無效社交。

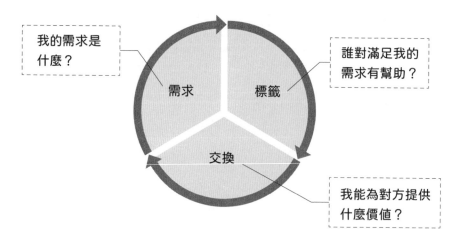

圖 2-3　有效應用人際關係的三個方向

2. 標籤──誰對滿足我的需求有幫助？

　　確定需求後，為了更精準地找到對應的人際關係，可以嘗試為身邊的人貼標籤。當身邊的人有了標籤後，我們很容易快速找到需要的人際關係。貼標籤不只是應用人際關係時需要做，管理人際關係時也可以使用。

3. 交換──我能為對方提供什麼價值？

　　追求利己，先要利人。世界上沒有白吃的午餐，商業世界的人際關係永遠伴隨著交換。應用人際關係首先要想的不是對方能幫自己什麼，而是自己能為對方帶來什麼價值。最穩定的人際關係狀態，是雙方都能夠為彼此提供價值。

　　我與「寫書哥」的合作就源於應用人際關係的三個方向。出書前，我最大的需求是讓書籍順利出版。如何做到呢？當然要找到出版人。為了找到出版人，我問遍了身邊所有的朋友，朋友問了朋友，朋友的朋友又問了朋友，結果我與三位出版人取得了聯繫。

　　我與三位出版人分別聯繫，他們看了我的書稿後結論出奇地一致：

想出書，就自費。但他們報的價格不一樣。「寫書哥」報的價格最低，而且我經過三方比較後，發現「寫書哥」每年出版的書籍數量最多，其中不乏暢銷書。

聊過幾次後，我覺得「寫書哥」這人挺實在，和我一樣都是典型的「理工男」，我們的重點都放在事情上，是實在做事的人，於是我和「寫書哥」開始合作。這時候，我和「寫書哥」之間還不算建立了人際關係，僅只是合作關係。

出書不難，只要寫出來，符合出版條件，自費也能出，難的是如何把書賣出去。在圖書銷售方面，「寫書哥」擁有資源和經驗，懂得如何打造暢銷書，這是我所缺乏的。如果「寫書哥」願意全力相助，那麼我的書很有可能會成為暢銷書。可是「寫書哥」與很多作者有合作關係，他為什麼要對我全力相助呢？

這時候就需要人際關係發揮作用了。與願意全力為自己提供幫助的人形成的人際關係，才能稱為人際關係。如何與「寫書哥」建立人際關係呢？如果我能夠為他提供其他作者不能提供的價值，他是不是自然而然地就願意為我傾盡全力呢？那麼，我如何為他提供其他作者都不能提供的價值呢？

出版人和作者合作，最看重作者的哪些特質呢？我的結論是，除了這位作者本身是否具備足夠的認知度、粉絲數或影響力等勢能要素，還有三個關鍵點。

（1）作者是否願意長期穩定地與自己合作。「寫書哥」合作過的作者很多，成名後單飛的作者也不少。在利益之前沒有永遠的朋友，這讓很多作者為了更高的利益而選擇與其他人合作，這是出版人的痛處。如果我願意與「寫書哥」長期穩定地合作，就能夠節省他找作者的時間成

本，為他創造價值。

（2）作者是否能夠長期穩定地產出高品質內容。對絕大多數作者而言，寫三、五本書已經算多了，因此出版人需要不斷尋找新的題材和新的作者。但如果有作者可以包下某個領域的所有題材，能夠持續穩定地產出專業度高、創新度高的優質內容，就能為他加強營利能力，為他創造價值。

（3）作者是否能夠為自己代言，能否反過來滋養自己。出版人很像藝人的經紀人，需要成就作者。作者的成就愈高，出版人的光環愈大，就有更多的作者有意願合作，因此出版人會希望扶持潛力大的作者。「寫書哥」成就我，其實也是在成就自己。我的價值愈大，「寫書哥」獲得的價值也會愈大。

基於以上三點，我和「寫書哥」從不認識到建立穩定的人際關係。我們彼此從人際關係中獲得了價值，彼此成就。

追求不可替代性在人際關係應用方面不但成立，而且是能夠好好經營的關鍵法門。若想有效應用人際關係，需要充分發揮自身優勢，以自身優勢彌補對方的弱點，想辦法為對方提供獨一無二的價值。

如何管理人際關係

當人際關係較多，雜亂無章時，應該如何管理呢？

每個人的一生都會遇到很多人，有的我們能夠與對方建立人際關係並長期穩定合作，有的則不能。面對如此多表面或未深交的人際關係，必須進行有效的管理，才能運用有限的時間，讓人際關係圈發揮最大的作用。對人際關係的管理，就是將人際關係分門別類，對不同的人際關係，

採取不同的應對策略。管理人際關係有以下三個常見工具。

1. 人際關係價值判斷分類

人際關係有價值高低之分。要判斷人際關係的價值，我們可以採用維度和勢能的交叉分類法將人際關係價值分為四類，如圖 2-4 所示。

人際關係價值與勢能高低和維度多寡成正比關係。勢能愈高，維度愈多，人際關係價值愈高；勢能愈低，維度愈少，人際關係價值愈低。多維度、高勢能的人際關係是價值最高的優質人際關係；單一維度、低勢能的人際關係是價值最低的一般人際關係。

根據人際關係價值判斷分類，人際關係價值通常呈現如下狀態。

多維度、高勢能的人際關係＞單一維度、高勢能的人際關係＞多維度、低勢能的人際關係＝單一維度、低勢能的人際關係。單一維度、高勢能的人際關係＞多維度、低勢能的人際關係的原因，是勢能的優先順序和權重大於維度的優先順序和權重。只有勢能達到一定的高度，多維度才能成立。沒有高勢能支撐的多維度與單一維度通常沒有明顯差異。此時的多維度反而可能是低勢能的原因，很容易浪費時間，正所謂「樣樣通，樣樣鬆」。

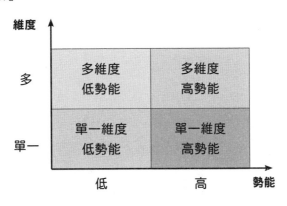

圖 2-4　人際關係價值判斷分類

有了人際關係價值排序之後，我們就可以根據不同的人際關係價值採取各自的應對策略。

我們對於多維度、高勢能的人際關係，一定要重點花時間和心力去維護，最好選擇在人際關係所在的某個維度上與對方建立長期穩定的合作關係。我們對於單一維度、高勢能的人際關係也要珍惜，最好在人際關係所在的單一維度上與對方建立長期穩定的合作關係，如果時間與精力不足，至少要與對方保持弱聯繫。

我們對於多維度、低勢能和單一維度、低勢能的人際關係，可以先與對方維持弱聯繫。對其中具備高潛力的對象，如果條件和能力允許，可以幫助對方在單一維度尋求突破，獲得高勢能。

2. 人際關係價值應用分類

判斷出人際關係的價值後，我們需要對不同價值的人際關係進行應用。根據價值和互動頻率，人際關係可以分為四類，如圖 2-5 所示。

根據人際關係價值應用分類，對不同人際關係的重視程度通常呈現如下狀態。

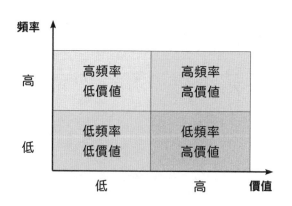

圖 2-5　人際關係價值應用分類

高頻率、高價值的人際關係＞低頻率、高價值的人際關係＞高頻率、低價值的人際關係＞低頻率、低價值的人際關係。人際關係價值的重要性高於互動頻率。高價值的人際關係無論互動頻率高低，我們都應該格外重視。同樣是低價值的人際關係，我們對高頻互動的重視程度應該高於低頻互動的人際關係。

對於高頻率、高價值的人際關係，必須與對方建立長期穩定的合作關係，培養互相支持、彼此信任的夥伴關係，實現雙贏。

對於低頻率、高價值的人際關係，合作時要全力投入、以誠相待，合作後則要保持長期的弱聯繫，以備不時之需。

對於高頻率、低價值的人際關係，需要注意維持這類型人際關係數量充裕，當合作出問題時能夠有資源及時補充。

對於低頻率、低價值的人際關係，只需要保持人際關係能夠滿足當下需求即可，可以考慮透過外包與協作滿足這類人際關係的需求。

3. 人際關係業務合作分類

當人際關係價值相似或不考慮人際關係價值的差異時，個體與人際關係合作的業務種類和合作期限則影響人際關係的應對方式。根據人際關係與自己合作的業務量以及是否長期合作，人際關係可以分為四類，如圖 2-6 所示。

根據人際關係業務合作分類，不同人際關係的重要程度通常呈現如下狀態。

多業務、長期合作的人際關係＞單一業務、長期合作的人際關係＞多業務、短期合作的人際關係＞單一業務、短期合作的人際關係。合作期限優先排序高於合作業務量。無論合作業務多寡，長期合作的人際關係都比短期合作的人際關係更重要。

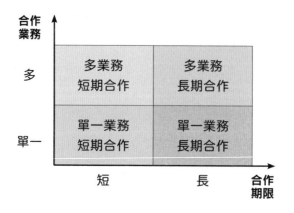

圖 2-6　人際關係業務合作分類

　　對於多業務、長期合作的人際關係，我們要特別重視，將對方視為核心人際關係圈。對於單一業務、長期合作的人際關係，我們要維護關係，將對方視作重點人際關係圈。對於多業務、短期合作的人際關係，我們要保持聯繫，將對方視為次級人際關係圈。對於單一業務、短期合作的人際關係，如果時間有限，我們可以考慮外包或協作。

　　需要注意的是，在人際關係業務合作分類中，我們沒有考慮人際關係的價值差異，而是預設所有人際關係的價值是相近的，不存在人際關係價值差異較大的情況。但如果人際關係價值存在差異，則需先進行人際關係價值分類。

　　個體在應用管理人際關係的三項工具時，可以分為以下三個步驟：

1. 分別根據三項工具的分類邏輯對人際關係進行分類。

2. 將不同類別的人際關係對象姓名寫入對應的格子中。

3. 根據自身情況，設計不同人際關係的應對策略。

　　我們在管理人際關係的過程中，可以一併為人際關係貼標籤。除了用以上三項工具對人際關係進行分類管理，我們還可以為人際關係貼上專業領域標籤或功能標籤。

如何獲得人際關係

當覺得自己缺乏人際關係時，如何獲得人際關係呢？

我們對人際關係進行分類管理並貼上標籤後，若發現自身有需求，但缺乏這方面的人際關係時，應該想辦法主動獲得能夠滿足需求的人際關係。常見獲得人際關係的方法有以下三種。

1. 資源盤點

從六度分隔理論可知，每個人身邊都可能蘊藏巨大的人際關係資源，都存在無限的可能性。不要讓人際關係「沉睡」，深入挖掘身邊的人際關係資源，往往會有意外的驚喜。要發現身邊的人際關係資源，可以參考以下步驟進行。

（1）明確自己的人際關係需求，並為需求貼上標籤。

（2）找到身邊與人際關係需求最接近的三個人，並為對方貼上標籤。

（3）思考對方的標籤能為自己帶來什麼，可能連結到誰。

（4）思考該如何具體向對方請求幫助，需要對方提供何種具體資源。

（5）思考自己能為對方提供什麼價值，這些價值對方感興趣嗎？

當我們沒有明確的人際關係需求目標時，也可以用以上步驟來盤點目前的人際關係資源。此時可以把第二項步驟「找到身邊與人際關係需求最接近的三個人」改為找到身邊勢能最高的 N 個人或關係最好的 N 個人，然後盤點透過這 N 個人如何擴展人際關係。

2. 人際關係交換

俗話說：「多個朋友多條路，多個冤家多堵牆。」前文所提蕭伯納關於蘋果和思想的名言不只適用於勢能，也適用於人際關係。張三擁有自己的人際關係圈，李四也擁有自己的人際關係圈，張三和李四建立人

際關係後，他們的人際關係圈都會得到擴展，人際關係會隨人際關係圈的不斷擴展呈現指數成長。

如果張三擁有 A 人際關係資源，李四擁有 B 人際關係資源。張三需要 B 人際關係資源，李四需要 A 人際關係資源。此時，就算張三與李四原本並不熟識，也可以基於彼此擁有的資源和需求建立人際關係。

只要本著互惠互利的原則，利己的同時能夠利他，就可以透過人際關係交換，擴充人際關係圈。在勢能對等的前提下，能夠資源互補，並且沒有任何人有所損失，這樣比較容易促成人際關係的交換。在對方勢能較高時，我們可以先累積自身的勢能，等到與對方勢能對等後，再進行人際關係交換。

3. 主動出擊

獲得人際關係和市場行銷在本質上一致，都是做銷售。兩者最大的不同是，市場行銷主要是為了銷售產品，獲得人際關係主要是為了「銷售自己」。既然獲得人際關係的本質是銷售，就要有一定的積極性和主動性，不能守株待兔，不能宅在家裡等著人際關係上門，而要主動出擊。

如果有明確的對象，希望與對方建立人際關係，可以採取以下方法：

（1）進入對方所在的人際關係圈，「混個臉熟」後與對方取得聯繫。

（2）報名對方舉辦的活動或課程，以求教的態度與對方建立連結。

（3）了解對方的行程，一同參與活動，藉機結識。

（4）透過雙方共同朋友引薦，或者透過朋友聯繫對方的朋友引薦。

（5）如果對方有付費方案，可以透過付費方案與對方合作約見。

如果沒有特定目標，可以採取以下方法：

（1）主動聯絡業界最具代表性的自媒體平台。

（2）加入業界最具規模的幾個社群。

（3）參與業界最大的線上或線下活動。

第 **3** 章

商業
模式

商業模式的核心是規劃與選擇，無論是個人創業、自
由工作者還是經營副業，都需要有效的商業模式支
持。商業模式並非放諸四海皆準，適合其他人的商業
模式不一定適合自己。找到適合自己的商業模式，在
相同的努力下可以獲得更高的價值回報。本章將介紹
四種高價值回報的商業模式，這些模式適用於不同情
況的個體。

01 同心圓模式

▼▽同心圓模式也稱為個人 IP 模式。對很多聚焦在專業領域的個體而言，也可以看成「專家型生意」。同心圓模式的特點是透過打造個人 IP，圍繞個人品牌延伸出各類產品，透過產品連接到關聯方，與關聯方一起吸引終端用戶。◢◣

什麼是同心圓模式

同心圓模式是非常適合個體建構的商業模式。透過建構這種商業模式，個體只需要確定自身有勢能、有產品、有競爭力、有成長性、有穩定的合作夥伴，就能確保商業模式穩固，並且具備持續穩定的營利能力。

我的商業模式就是同心圓模式，如圖 3-1 所示。

圍繞最內圈的個人 IP，我的商業模式外圈有四類主要的產品與服務，分別是圖書、線上課程、線下課程和管理顧問。這些產品與服務想要獲得比較強的變現能力，在最外圈就需要有合作單位。我之前有自己的團隊，後來發現管理成本較高，就逐漸變成與相關單位合作。

與圖書相關的合作對象有企劃人和出版社；與線上課程相關的合作對象有線上課程平台、自媒體等線上流量型組織；與線下課程相關的合作對象有線下課程單位（有能力策畫公開課程或內部培訓）、講師經紀公司等線下資源型單位；與管理顧問相關的合作對象有軟體公司和顧問

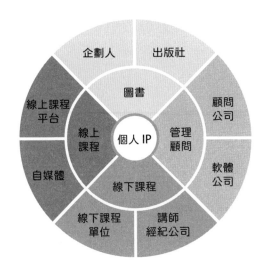

圖 3-1　我的商業模式示意圖

公司等具備企業客戶資源的乙方。隨著合作的深入，內圈逐漸延伸出更多的產品與服務，同時形成了產品之間的串聯和相互滋養。

　　我的勢能愈高，產品就愈被市場接受，相關單位與我合作的意願就愈強，合作關係就會愈緊密。當所有合作單位都能透過我持續獲利時，我們會持續形成合作關係的正向回饋。此時所有合作對象都希望我的勢能愈來愈高，並且願意投入一定資源幫我建構勢能，進而建立起穩定的互利雙贏關係，進一步鞏固這個商業模式。

直播電商的同心圓模式

　　我的同心圓模式是先由內向外，再由外向內的雙向循環，也就是一

開始我的個人 IP 具備一定的勢能,形成產品或服務,再擴展到合作對象,
透過與合作對象互利雙贏,再反哺我的個人 IP。

還有一種同心圓模式是先由外向內,再由內向外。外部先滋養內部,
內部再反哺外部。直播電商就是這種模式,許多直播主的背後,都是這
套商業模式。直播電商的同心圓模式如圖 3-2 所示。

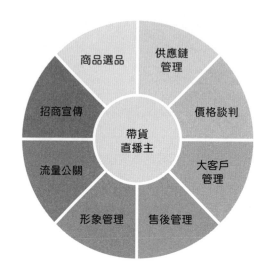

圖 3-2　直播電商的同心圓模式

在直播電商領域,帶貨直播主位於中心位置,圍繞著直播主的則有
一整套招商宣傳、商品選品、供應鏈管理、價格談判、大客戶管理、售
後管理、形象管理、流量公關等專業團隊或合作單位。

許多不了解直播電商真正商業模式的人,以為直播電商是因為帶貨直
播主的勢能很高,因此才有高成交量。還有人把直播主看成「會說話的產
品說明書」,以為只要形象夠好、能言善道、擁有流量,就能做直播。於

是有些具備這些條件的人懷著美好夢想開始直播帶貨，結果卻慘澹收場。

其實，很多直播主成功的背後，除了有資金的支持，還有專業團隊和合作單位的支持。直播主背後那些看不見的商業模式和運作機制，才是這個行業的核心競爭力。這一點就像電子商務剛興起時，大家只看到表象，以為電子商務的關鍵是網路。其實，電子商務的本質是商務，形式是電子。直播電商也是如此，直播電商的本質是電商，形式是直播。形式不是關鍵，本質才是關鍵。形式並不能提供核心競爭力，本質才能。

直播電商首先要具備電商營運能力，建立起電商專業團隊並找到合作單位，然後以電商營運能力滋養直播主，為直播主設計形象、建立人設、建構認知，使直播主快速累積高勢能。直播主的高勢能又能反哺團隊和合作單位，讓電商營運能力更強。如果無法建立這種商業模式，根本就不可能做好直播電商。

表面看來，直播電商的貨是由直播主賣出，但其實背後需要一整套專業運作的支持。其中任何一個環節出問題，直播帶貨就不成立。這就是很多在娛樂圈影響力很強的藝人或在自媒體平台有大量粉絲的意見領袖進入直播電商領域後，帶貨效果不佳的原因。

先由內向外、再由外向內的同心圓模式，遵循的是「勢能→合作→變現」的邏輯；先由外向內、再由內向外的同心圓模式，遵循的是「合作→變現→勢能」的邏輯。只要同心圓的商業模式成立，邏輯就能通。個體可以根據自身的資源與能力情況設計屬於自己的同心圓模式。

吳曉波的商業模式

中國知識付費領域有三個成功的個人 IP，吳曉波、羅振宇和樊登，

這三個人正好代表三種不同的商業模式。吳曉波的商業模式是典型的同心圓模式；羅振宇的商業模式是典型的搭檯子模式，樊登的商業模式則是典型的金字塔模式。

1968 年出生的吳曉波畢業於復旦大學新聞系，他曾經做過十三年的商業記者，2001 年開始出版財經類圖書，並成為暢銷書作家。那還是青春文學小說類型書籍暢銷的年代，韓寒和郭敬明就是在那個時代崛起，那時候很多人不相信嚴肅的財經類圖書也能暢銷，而吳曉波證明了這一點，他的「藍獅子」財經叢書後來成為中國財經類圖書中知名的出版品牌。

吳曉波剛起步時，選擇了比較保守的「夫妻店」模式，做小而美的生意。吳曉波和妻子邵冰冰在 2014 年註冊成立杭州巴九靈文化創意股份有限公司（簡稱「巴九靈」），該公司發展初期的工作重點和資源核心都在如何做大、做強吳曉波個人 IP。它的商業模式就是先將吳曉波的個人 IP 打造成具備較高商業價值的個人品牌，再延伸其他的產品或服務。

吳曉波一開始的做法是先抓住流量。他從 2009 年開始經營微博，2014 年開始經營微信公眾號「吳曉波頻道」。這兩個時間點都正好迎來微博和微信公眾號快速發展的時期，也充分顯示吳曉波對新興流量平台的敏銳洞察。抓住「雙微」的紅利期，迅速發展，獲得高流量，成就了今天的吳曉波。

個人 IP 形成之後，吳曉波開始承接各類商業廣告，隨著影響力的逐漸增加，他的廣告收入也逐漸增加。巴九靈也做 MCN（Multi-Channel Network，多頻道聯播網）生意，投資扶持了很多財經類自媒體，粉絲數早已超過 300 萬，2018 年的廣告收入達到 8,840 萬人民幣。

有了流量基礎，吳曉波又陸續推出線上付費課程、線下商學院課程和各類線上、線下活動，其中吳曉波的跨年演講就是比較知名的線下公

開活動。「圖書＋課程」讓吳曉波知識產品的設計更加全面，吳曉波知識型 IP 的個人品牌形象更加根深蒂固。

吳曉波的內容因為專注於財經領域，具備一定的商業屬性，因此吸引了一大批企業家、投資人和高資產人士的關注。雖然比起羅振宇「得到」App 的用戶總數以及「樊登讀書」的會員總數，吳曉波的用戶數量並不算多，但用戶品質整體較高，用戶價值也較高。

除了知識產品，吳曉波還熱衷經營實體商品生意。吳曉波的楊梅酒品牌「吳酒」，由於具備了吳曉波的人格化屬性，在 2015 年創下了三小時預訂 3.3 萬瓶的銷售紀錄。之後吳曉波也為中國本土品牌建設投入助力，幫助那些具備匠心精神的中國本土企業崛起，讓中國消費者認同本土商品，讓全世界消費者認同中國產品。

有資料顯示，巴九靈 2018 年總營收超過人民幣 2.3 億元，淨利高達人民幣 7,537 萬元，淨利成長率超過 50％。這樣的經營表現已經超過中國很多的上市公司。巴九靈公司的淨利率約達 32.8％，營利能力遠高於傳統產業。

吳曉波的商業模式就如同心圓一般，一圈一圈地由內向外逐步拓展。吳曉波透過對不同領域的延伸、探索和嘗試，以及對不同資源的整合，會不斷發現更多的商業可能性，創造更大的商業價值。吳曉波的個人 IP 是他的整個商業模式的核心，透過做大、做強這個核心，他就能建構起自己的商業帝國。

同心圓的三個核心

同心圓模式要成立，有三個核心，高 IP 勢能、高 IP 成長性、高競爭

壁壘，簡稱「三高」。高 IP 勢能決定同心圓模式擁有比較強的變現能力；高 IP 成長性決定同心圓模式能夠持續營利；高競爭壁壘決定競爭對手就算看懂這種商業模式，也很難複製。

1. 高 IP 勢能

在同心圓模式中，位於中心的 IP 勢能高低關係到整個商業模式能否成立。IP 的勢能愈高，商業價值愈高，商業模式愈穩固，變現能力也愈強。如果 IP 的勢能低，整個商業模式將不成立。就算是由外向內的同心圓模式，位於中心位置的 IP 如果勢能遲遲無法成長，則這個商業模式也將不可持續。

IP 一詞在網路上常見的解釋有以下兩種。

第一種解釋是精準定位說，其中的 IP 是 Internet Protocol 的縮寫，是指網路通訊協定。IP 位址是網路的接入地址，也可以簡單地理解為用來識別和定位接入網路的具體位置。隨著網路的發展，有一些個體在網路上被廣大網友認識，於是出現了個人 IP。這種說法強調個人 IP 的獨特性和唯一性。

第二種解釋是內容產權說，其中的 IP 是 Intellectual Property 的縮寫，是指智慧財產權。個人因為原創作品中包含的價值觀、符號、思想等被廣大網友認識，於是形成了個人 IP。根據這種說法，IP 不但有高度識別性，還有內容原創性。許多作品本身也被網友稱為 IP。

這兩種解釋並不衝突，都能說得通。本書所指的 IP，則綜合了以上兩種說法的含義。但需要注意，IP 不等於個人 IP。IP 可以是一部作品、一個組織，可以是實際存在的人物，也可以是虛擬人物。個人 IP 則指實際存在的人物，相當於個人品牌。

2. 高 IP 成長性

除了 IP 勢能的高低，IP 的成長性也關係到同心圓模式能否成立。每個 IP 都有生命週期，這個生命週期通常符合一般經濟規律，與企業的發展週期、產品的生命週期類似，可以分為初創期（導入期）、發展期（成長期）、成熟期和衰退期，如圖 3-3 所示。

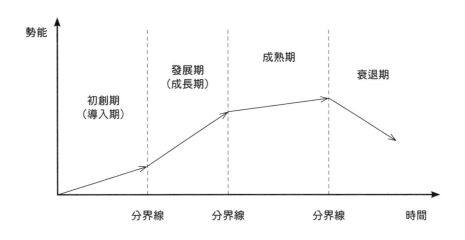

圖 3-3　IP 的生命週期

在初創期，IP 勢能成長比較緩慢，營利能力較差；在發展期，IP 勢能成長速度較快，營利能力持續變強；在成熟期，IP 勢能成長趨緩，營利能力逐漸到達高峰；在衰退期，IP 勢能逐漸下降，影響力降低，營利能力逐漸減弱。

IP 的成長性決定了同心圓模式的可持續性。IP 具備比較高的成長性，同心圓模式才能持續營利。不同類型的 IP、不同的操作方法，會讓這四個時期的持續時間有所不同。如果 IP 的發展和成熟期的時間較長，就

能夠在長時間內持續成長，營利能力就能持續提高。

例如，主要靠顏值外貌變現的 IP 生命週期通常比較短，因為姿色外貌必然會隨時間的推移走下坡，而且一直會有更年輕、更高顏值的人出現；主要靠經驗變現的 IP 生命週期通常比較長，因為經驗會隨時間的推移走上坡，時間愈久，經驗愈豐富。

個體要規劃和設計自己 IP 的生命週期，千萬不要成為一個成長性低的 IP，不要走肉眼可見的死胡同，不要長期置身於天花板很低的領域。

3. 高競爭壁壘

在同心圓模式中，當 IP 有了成熟的產品，建立起成熟的合作關係，而且合作關係中的各方都能透過 IP 持續獲利時，就會形成比較穩固的商業模式結構。此時只要 IP 具備足夠的競爭力，替換 IP 的成本將會變得非常高，這也意味建立起比較高的競爭壁壘。

競爭對手若想進入這個領域，則至少要具備三個要件。

（1）勢能＋資源＋能力 ≥ 目前 IP 的影響力。由內向外的同心圓模式勢能高低與商業價值大小成正比，由外向內的同心圓模式的資源或能力強弱與商業價值大小成正比。競爭對手的勢能、資源或能力只要任意一項不足就無法打破目前 IP 穩固的同心圓商業模式，除非競爭對手具備非常高的成長性，同時目前 IP 已經進入衰退期。

（2）足夠的獨特性。當同心圓模式比較穩固，而且目前 IP 長期處於發展期或成熟期時，就算競爭對手在某些方面的勢能高於目前 IP，但如果沒有足夠的獨特性，就無法與目前 IP 形成明顯區隔，通常也很難進入該領域。

（3）持續且充足的產品或服務輸出。IP 本身不能直接變現，IP 對應的產品或服務才能變現。有些 IP 的勢能高，獨特性也夠，但不具備持續

穩定輸出優質產品或服務的能力，這樣的 IP 商業價值不高，自然也不能進入該領域。

如何應用同心圓模式

應用同心圓模式時，同心圓模式有不同的表現形式，因此會呈現不同的應用方法和組成邏輯。在這裡主要介紹內容型個人 IP 對同心圓模式的延伸擴展應用。對於內容型個人 IP 而言，在設計應用同心圓模式時，可以分五個層面進行，如圖 3-4 所示。

圖 3-4　內容型個人 IP 同心圓模式的五個層面

1. 內容層

內容型個人 IP 最核心、最重要的輸出是內容，內容是個人 IP 的「產品」，是個人 IP 展示自己的載體。只有具備內容，其他人才能透過內容

認知個人 IP 的存在。這裡的內容可以是視訊影片、音訊檔案、圖片、文字或其他各種形式。

內容型個人 IP 的內容最好是原創、獨特、新穎、帶有個人鮮明個性和價值觀的內容。他人創作的內容、人云亦云的內容、缺乏觀點的內容以及陳腔濫調的內容等等都不適合作為經營個人 IP 的內容。

2. 流量層

在網路商業世界中，流量既可以指接受個人 IP 內容後成為個人 IP 粉絲的數量，也可以用閱讀量、按讚數、轉發數或評論數等數據指標來綜合計算。

個人 IP 輸出的內容可以在各類內容傳播管道上發布傳播，這樣網路上逐漸會有人開始接收到個人 IP 輸出的內容。如果內容夠好，還能引起轉發，形成多次傳播，認知個人 IP 的用戶愈來愈多，流量就會愈來愈大。

3. 營利層

個人 IP 擁有內容屬性和流量屬性後，就逐漸具備商業價值，這也正是很多人想成為個人 IP 的原因。做好了內容，有了流量，個人 IP 就可以轉向下一步的營利。營利的方法很多，有三種方法比較常見。

（1）將部分內容轉為收費內容，讓部分用戶轉化為付費用戶營利。

（2）維持內容免費，繼續做大流量，承接商業廣告營利。

（3）深耕內容、做大流量，同時開始銷售經營獨特的商品營利。

4. 社群層

從內容到流量再到營利，這是比較典型的內容型個人 IP 的網路商業模式。然而，隨著網路的發展，各類資訊爆炸性增加，現代人每天接收的資訊量，已經超過資訊不發達年代一整年接收的資訊量。

網路雖然讓人與人的連結與交流變得容易，但大量的資訊也讓人與

人之間的興趣壁壘變得愈來愈明顯。在這種情況下，在特定主題垂直整合或發展的社群應運而生，傳統網路的粉絲模式開始轉向社群模式，大家在不同的社群中發言和交流，獲得歸屬感。

5. 資源交換層

在社群發展到一定程度之後，社群內部的成員彼此熟悉、相互信任，此時，就出現了社群內部資源交換的交易市場。這裡的資源交換，不是指簡單的商品銷售，而是把社群做成一個平台，當人有需求的時候，社群內部的其他人正好可以提供相應的產品或服務。

這時，社群已經不再是簡單的因為特定愛好或訴求而聚集在一起的一群人，而是可以相互滿足對方需求、交換資源的朋友。例如，當有人想換工作時，可以把自己的履歷發到社群，社群中知道這類招募資訊的人也可以協助推薦職缺。

在應用內容型個人 IP 同心圓模式的五個層面時，要注意以下三點。

（1）這五個層面非各自獨立，而是相互聯繫、影響，甚至相互轉化。

（2）這五個層面的邏輯順序並非一成不變，可以視情況發生變化。

（3）這五個層面並不需要全部存在，可以視情況組合。

我有個朋友的公司經營，就是應用了內容型個人 IP 同心圓模式的五個層面。他的公司分為兩個產業板塊，一個是知識產業，另一個是娛樂產業。

知識產業的主要產品是線上課程、線下課程、出版品和其他知識產品內容；娛樂產業的主要產品是電影、電視劇、網路劇和影視出版品等產品。兩個產業之間各自獨立，但業務模式類似，而且在流量端、社群端和資源端有一定的聯繫，可以形成聯動效應。

這家公司主要的營利模式是透過打造網路 IP 輸出內容產品，商業模式的邏輯結構如圖 3-5 所示。

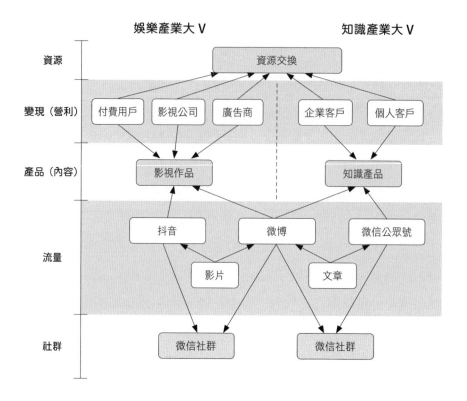

圖 3-5　範例公司商業模式邏輯結構示意圖

　　這家公司的兩個產業均圍繞核心產品，在打好流量基礎的前提下，透過產品進行變現。在原始流量的基礎上，該公司逐漸發展出兩個不同產業領域的社群。在產品的變現端，該公司形成了核心用戶的高端社群，實現了資源的交換。

　　對於公司或團隊而言，他們比較容易在五個層面上形成全盤控制，但這並不代表個體無法應用這套商業邏輯。個體可以側重於營運端，透過與他人合作整合資源，讓整套商業模式成立；也可以側重於專業端，在整個商業模式中找到自己的生態位，集中主要精力做好自己的專業領域。

02 搭檯子模式

▼▽搭檯子模式就是網路上比較常見的平台型生意。這種商業模式並非有了網路之後才出現。自人類有商業活動以來，這種商業模式的雛形就已存在，網路只是放大了這種商業模式的集中效應，加快其形成速度。個體若想運用這種商業模式，需要審視自己是否真的具備「搭檯子」的資源和能力。◿◢

什麼是搭檯子模式

在我大三那年，學校擴建，新校區將有三千多名學生遷入。在離新校區宿舍和餐廳不遠的地方，有一個總面積 2,000 平方公尺的一樓店面分租。我一打聽發現房東是個校友，大家都叫他老四，據說是因為他當年在宿舍排行老四。

老四很有商業頭腦，在校期間就沒閒著，把宿舍變成商店，一路買進賣出賺了些錢，宿舍裡沒有不認識他的，後來他成了學校的名人，大家都跟著叫他老四。我大三時，老四已經畢業快十年了，他畢業後沒找工作，一直在校園附近做生意，據說學校正門的老商圈裡好幾個黃金位置的店面都是他的。

老四為這個一樓店面分租訂的租金很誘人，最便宜的位置，一天每平方公尺的租金才幾毛錢人民幣。租個十幾平方公尺的空間，平均每月只要幾百元人民幣。這個小空間可以用來賣衣服、飾品或做做小吃等小

生意。低租金吸引了大批人慕名而來承租。

　　看到這個商機，很多學生也躍躍欲試，希望借此機會致富。租金低代表開店門檻低，就算是家庭條件一般的在校生，每個月省吃儉用也能把租金省出來。我的同學小龍就是第一批「進場」開服飾店的人。

　　小龍眼看畢業後找工作壓力比較大，他希望透過創業來緩衝就業壓力。但是小龍之前從沒做過生意，開店前，他拉著我一起去實地考察。我當時見店面裡已經被老四隔成幾平方公尺到幾十平方公尺不等的小隔間，走道比較窄，有幾個小隔間已經開始做生意了，有賣襪子，也有賣飾品等等。

　　我看完後建議他不要做這個生意，一是因為那裡剛開業，商業氛圍還沒形成；二是因為他選擇賣衣服，不具備任何競爭力。小龍沒有聽勸，他輾轉找到了老四，在表達對老四的崇拜之情後，便說希望看在校友的份上，租金能有優惠，並希望老四能帶帶他。

　　老四告訴他正是因為現在商圈還沒形成，租金才低。小龍如果一口氣租三年，租金還能更優惠，看在大家是校友的份上，店鋪位置隨小龍挑。

　　知道小龍想開店賣衣服之後，老四給他推薦了幾個批發衣服的管道。小龍大為感激，認為機會難得，於是到處借錢開了店。

　　開店前，小龍也想拉我去開店，說如果大家一起長租，租金可以更優惠。我見小龍入了迷，嘗試勸了他幾次無效，就隨他自己去了。畢業五年後，我在校友群組遇到小龍，問他近況。他說服飾店開了兩年，最終還是因為不賺錢而轉讓。

　　他說這兩年，看了太多周圍店家開了關、關了開，平均幾個月就能換一批新店家，他算是其中堅持比較久的。最後他終於想明白，從新校區商圈形成後，最賺錢的人，甚至可能是唯一賺錢的人，是老四。他離開時，

新商鋪的租金已經漲了一倍，但找老四承租的人依然絡繹不絕。

　　老四賺的是房租，只要能講故事，把熱度「炒」起來，總會有人認為自己在那裡開店能賺到錢。因為開店的門檻低，確實也會吸引很多人。只要有人「接盤」，只要這個商圈能維持下去，老四就能持續賺錢。

　　店家賺的是顧客的錢，要考慮人流量、競爭對手、產品、價格、品質、成本等種種因素，因為同質化嚴重、沒有價格優勢，能賺到錢的人寥寥無幾。

　　老四的商業模式就是搭檯子模式，租客的商業模式就是單純的商品買賣模式。老四賣的是夢想，老四這裡的店家賣的是非必需品。店家為開店買單，為的是更好地生存。顧客為購物買單，為的是滿足個人喜好。

　　搭檯子模式的原理是建立和營運一個平台，平台上聚集著提供不同產品或服務的店家是供應方。平台用戶是需求方，當用戶有需求時，會到平台尋找能滿足自身需求的供應方。平台促成供需雙方達成交易，並向供應方或需求方收取一定的費用，如圖 3-6 所示。

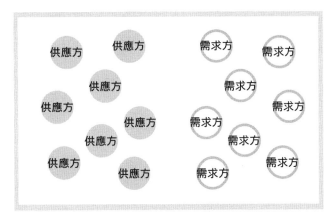

圖 3-6　搭檯子模式示意圖

搭檯子模式在中國的興起大約可以追溯到 1980 年,那時候中國的市場經濟逐漸發展,興起了比較集中的商品交易市場的經濟模式,小商品批發市場、五金交易市場、服裝交易市場等各類市場應運而生。

這種線下商品交易平台直到今天依然是一種重要的商業模式,老四應用的正是這種模式。

網路發展放大了搭檯子模式的集中效應、加快其形成速度,讓平台突破物理限制,使搭檯子模式不局限於線下,而是擴展到線上。透過網路建立的平台,其規模可以呈指數型成長,可能會迅速成長為某個領域的頂尖平台。如今,網路上應用搭檯子模式的平台經常可見,如表 3-1 所示。

表 3-1　網路上應用搭檯子模式的常見平台

領域	平台名稱
購物	淘寶、天貓、拼多多、露天、蝦皮等
外送	foodpanda、Uber Eats、美團外賣、餓了麼等
新媒體	Facebook、IG、微信公眾號、微博等
短影音	TikTok、快手、微信視頻號等
串流影音	Netflix、Apple TV+、Disney+、愛奇藝、Bilibili 等
交通	Uber、LINE TAXI、滴滴、神州專車等
線上學習	得到 App、Hahow 好學校、PressPlay Academy 等

羅振宇的商業模式

羅振宇採用的商業模式是比較典型的搭檯子模式。羅振宇於 1973 年在安徽蕪湖出生,是中國傳媒大學的碩士和博士,大學則是畢業於華中科技大學新聞系。2008 年,羅振宇從中央電視台辭職,成為自由工作者。

羅振宇的起步與吳曉波類似，一開始也是主打個人 IP。2012 年，羅振宇的代表性節目《羅輯思維》上線，最早是在優酷（影片）和喜馬拉雅（音訊）發布，總播放量超過十億人次。一時之間，羅振宇的名字被很多網友熟知。

2016 年，以羅振宇為主要創辦人的「得到」App 正式上線。羅振宇一度被譽為「中國引領知識變現第一人」。關於「得到」App，羅振宇說：「我們的理想很簡單，要在全世界建立一所領先的通識大學。」2016 年被很多媒體稱為中國知識付費的元年。

2019 年「時間的朋友」跨年演講的線上轉播權以人民幣 700 萬元的價格賣給愛奇藝，電視轉播權以人民幣 2,050 萬元的價格賣給深圳衛視，加上活動本身的門票收入，2019 年羅振宇跨年演講總收入超過人民幣 4,000 萬元。

雖然網路用戶對羅振宇的評價呈現兩極化，但每一個希望透過知識變現的人都應該感謝羅振宇。他的存在改變了中國知識變現的格局。在傳統紙媒時代，知識變現的方式比較單一，常見的有專欄投稿、寫書出版、線下授課等方式。這些方式的變現能力都遠不如今天的知識變現。

專欄投稿按照每千字支付稿酬，每千字的稿酬標準大約為人民幣數十元到數百元不等，並非高價值勞動；一般寫書的稿費比例大約是書籍定價的 8% 左右，大多數作者的書籍銷量為數千冊，除非成為暢銷書作家，否則很難獲得高收益；線下授課除了公開課和企業內部培訓的收益較為可觀，其他形式的線下授課，講師的收入不會很高，而且線下授課受眾有限，產生的影響也有限。

雖然透過網路為知識付費的模式並不是羅振宇獨創，但確實是在羅振宇持續的宣傳和引導下，整個社會才開始普遍接受線上課程這種形式，

並願意為之付費。借助網路的傳播管道，線上的直播課、影片課程、訓練營確實是比傳統知識變現方式更優質的知識變現形式。

以圖書出版為例，一本書從寫完交稿到出版上市，最快也要半年時間。如果加上寫稿的時間，再考慮一些不穩定因素，一本書從開始企劃到出版，一般需要一年以上的時間。圖書冊單價大約為人民幣40元（約台幣180元），而且重複購買率很低。圖書是實體商品，物流、倉儲等成本較高，顧客不滿意還可能有退貨等情況發生。

線上課程的製作週期較短，從寫逐字稿，到反覆修改，再到開始錄製，短則一個月，長則三個月就能上市。線上課程的課程單價大約為人民幣99元～699元（約台幣500元～3,000元）。有些知識型KOL（Key Opinion Leader，關鍵意見領袖）的線上課程單價甚至能達到人民幣8,000元（約台幣35,000元）。線上課程是虛擬產品，不需要物流、倉儲成本，一旦購買就無法退貨，而且持續更新的線上課程續訂率也高於圖書重複購買率。

當然，線上課程有線上課程的問題，圖書有圖書的好處，兩者功能定位不同各有優缺點，彼此是互補的關係，而不是互相取代的關係。以上只是針對圖書與線上課程的產品商業屬性和變現能力方面的比較。

2020年9月，羅振宇創辦的北京思維造物信息科技股份有限公司（簡稱「思維造物」）披露創業板IPO募股說明書，估值不低於10億元人民幣。根據思維造物募股說明書中的內容，思維造物是一家從事「終身教育」服務的企業，其主要財務數據如表3-2。此外，思維造物主要產品和服務收入情況如表3-3所示。

1. 線上知識服務

（1）線上課程。包括應用技能類、商學類、科學類和人文類課程。

（2）每天聽本書。「每天聽本書」為用戶提供書籍的說書解讀服務。

表 3-2　思維造物主要財務數據

單位：人民幣

項目	2020 年 1-3 月 / 2020 年 3 月 31 日	2019 年 / 2020 年 12 月 31 日	2018 年 / 2018 年 12 月 31 日	2017 年 / 2017 年 12 月 31 日
營業收入 （萬元）	19,225.57	62,791.13	73,793.92	55,635.82
淨利 （萬元）	1,327.82	11,505.4	4,764.41	6,131.96

表 3-3　思維造物主要產品和服務收入情況

單位：人民幣

項目	2020 年 1-3 月		2019 年度		2018 年度		2017 年度	
	金額 （萬元）	占比 （%）	金額 （萬元）	占比 （%）	金額 （萬元）	占比 （%）	金額 （萬元）	占比 （%）
線上知 識服務	10,461.24	54.70	41,213.47	66.26	50,722.46	68.74	32772.00	58.91
線下知 識服務	6,506.06	34.02	11,528.68	18.53	7,345.99	9.95	6,346.68	11.41
電商	1,914.89	10.01	8,615.59	13.85	10,351.44	14.03	15341.77	27.58
其他	243.03	1.27	843.86	1.36	5,373.8	7.28	1,170.79	2.1
合計	19,125.23	100.00	62,201.61	100.00	73,793.7	100.00	55,631.24	100.00

說書範圍包括傳統經典和最新著作。思維造物邀請各領域的專家學者作為解讀人，用 20 ～ 30 分鐘講述書籍精華，並提供延伸知識。「每天聽本書」以音訊形式，同時搭配說書文稿和思維導圖。

（3）電子書。思維造物與出版社、版權公司或作者個人合作，為用戶提供線上閱讀解決方案。付費方式包括單本電子書購買或會員訂閱。

訂閱方式則是電子書會員在會員有效期間可以閱讀書庫中的主要書籍。截至 2020 年 3 月 31 日，電子書庫包含書目近三萬冊。思維造物的電子書全文檢索引擎技術，幫助用戶將海量文本內容變成個人知識搜尋庫。

（4）其他。這部分包括為用戶提供解決方案型產品「得到錦囊」和免費的「羅輯思維」、「邵恆頭條」等產品。

2. 線下知識服務

（1）得到大學（2021 年已更名為「得到高研院」）。「得到大學」是思維造物為職場工作者提供的創新知識服務產品，其特色為學員來自各行各業，以跨界學習為目標；在線上完成課程內容的學習，以提高學習效率；在線下進行各自專業領域的經驗交流和實踐轉化。截至 2020 年 3 月 31 日，「得到大學」線下校區已覆蓋中國十一個城市，開設八十五個班次，錄取學員超過七千人，如表 3-4 所示。

表 3-4　「得到大學」招生情況

批次	校區地點	招生人數（人）
2018 年秋季第 0 期	北京、上海、深圳	286
2019 年春季第 1-3 期	北京、上海、杭州、廣州、深圳、成都	1,318
2019 年夏季第 4 期	北京、上海、杭州、廣州、深圳、成都	1,430
2019 年秋季第 5 期	北京、上海、杭州、廣州、深圳、成都、鄭州、青島	2,215
2020 年春季第 6 期	北京、上海、杭州、廣州、深圳、成都、鄭州、青島、西安、昆明、武漢	2,249

（2）跨年演講及知識春晚。「時間的朋友」跨年演講為思維造物首創的「知識跨年」產品型態。跨年演講於每年12月31日至次年1月1日在大城市舉辦，同時在地方衛視和網路影片平台播出。演講內容由內容企劃團隊集體創作，為用戶整理過去一年創新創業領域的學習心得。截至2020年3月31日，已舉辦五屆跨年演講。

知識春晚是中國首檔知識分享類春節晚會節目。2020年第一屆知識春晚於當年除夕舉辦，在深圳衛視、愛奇藝、得到平台同步直播，由得到講師、「得到大學」學員等知識分享者以民眾最關注的餐桌話題，為用戶提供即學即用的「美好生活解決方案」。

3. 電商

思維造物的電商業務是知識服務的配套業務，主要銷售實體圖書、「得到閱讀器」和周邊產品。思維造物銷售的實體圖書包括自有版權書籍和第三方版權書籍。公司透過開展線上知識服務，累積師資及版權內容，並由合作出版社出版自有版權圖書，建構實體出版品牌「得到圖書」。截至2020年3月31日，公司已出品自有版權圖書書目26本。

4. 其他

（1）影片節目。思維造物於2018年7月27日推出《知識就是力量》大型知識類脫口秀節目，節目播出期間為三個月，共十二期，每期40分鐘。《知識就是力量》節目將經濟學、心理學、社會學等各個領域的知識融會貫通，針對每個問題提供一套系統的知識解決方案。

（2）「羅輯思維」微信公眾號。「羅輯思維」微信公眾號於2012年12月推出，以音訊及文章形式為用戶提供免費、輕量級的知識服務，並推薦圖書及相關衍生品。「羅輯思維」微信公眾號在微信生態圈影響廣泛，截至2020年3月31日，關注用戶超過1,200萬人。

「得到」App 的用戶情況如表 3-5 所示。

表 3-5　得到 App 的用戶情況

單位：萬人

項目	2020 年 1-3 月	2019 年	2018 年	2017 年
累積**開通**用戶數	3,746.37	3,475.16	2,586.42	1,357.41
累積**註冊**用戶數	2,135.22	1,947.32	1,549.82	868.45
累積**付費**用戶數	563.31	535.48	444.38	279.47

「得到」App 如今已經成為中國知名的知識產品平台，聚集了大批頂尖講師。得到課程業務流程如圖 3-7 所示。

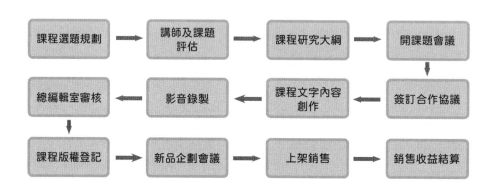

圖 3-7　得到課程業務流程

搭檯子的三個關鍵

許多人認為開店就是做生意，未免太小看了生意。許多人認為開了微博帳號就是做自媒體，未免太小看了自媒體。對搭檯子商業模式的應用也是如此。別人搭的檯子，自己能不能在上面生存，要存疑。自己有沒有能力搭檯子，讓別人在上面生存，也要看自己有沒有搭檯子的實力。

搭檯子模式能夠成立，有三個關鍵。

1. 搭建門檻

門檻決定了競爭環境。在門檻很低的領域，如果沒有一定的進入壁壘，不要幻想能應用搭檯子模式賺錢。

例如，很多人覺得自己已有粉絲累積，又認識一些講師，透過線上或線下的方式，促成粉絲購買講師的課程，從講師收入中抽成，這樣就能建構一個「平台」，這其實是異想天開。粉絲是顧客，講師的課程是商品。只不過有的人認識的講師比較多，商品種類比較多而已。

我前文提過找我一起創業做線上課程的朋友就是如此，他心裡想的是做搭檯子模式，其實是在做連接點模式。他覺得在「千聊微課」或「荔枝微課」等既有的線上學習平台建立一個線上課程直播間，自己就成了「平台」。這其實不叫「平台」，平台是說故事的高手，因為平台需要聚集人氣，聚集的人愈多，平台成功的機率就愈大。

在「千聊微課」或「荔枝微課」建立直播間的門檻非常低，就像前文故事中的小龍開服飾店一樣。門檻低的生意必然面臨激烈的競爭，會有大量的競爭者湧入，如果沒有核心競爭力，沒有明顯區隔或商品優勢，顧客又怎麼會買單？

2. 供需黏著度

搭檯子模式要成立，平台上的供應方和需求方都要具備一定的黏著度。如果沒有穩定的供應方和需求方在平台上互相交易，平台將迅速瓦解。應用搭檯子模式的前期要宣傳造勢，要會說故事，要有能力把供應方和需求方長期聚集在一起，讓供應方和需求方持續使用這個平台。

如今的網路創業平台是如何維持供需黏著度呢？放眼望去，大多數都是靠平台補貼供需雙方。在網路剛興起、攬客成本比較低的時代，少

量補貼能讓平台獲利。但在資訊爆炸、競爭激烈、流量稀缺、客戶獲取成本持續提高的當下，網路創業平台需要大量的資金支持。

如今網路公司搭檯子模式的背後，通常都有資本的支持。搭檯子模式的門檻高低與搭檯子後市場空間的大小成正比，市場空間巨大之處，資本支持的力量也會較大。

網路放大了競爭，加速相同領域平台間的整合。每個領域都在向唯一或唯二生存空間靠攏。最後能共生的平台背後無一例外都有大量的資金支持。例如，中國團購網站從當年的「千團大戰」，經過僅有美團和大眾點評兩家留存，再以美團和大眾點評的合併告終。

3. 營利模式

網路創業公司經歷過野蠻生長階段後開始趨於理性，逐漸回歸一般市場規律——提高營利能力。早年間，網路創業公司把「流量為王」視為根本，那時候流量是很多網路公司關注的唯一指標。如今，隨著一些公司退場，大家都不約而同地開始提高自己的營利能力。

門檻高不高，能不能搭起檯子，能不能聚集供應方和需求方只是其中一環，更重要的是如何實現營利。不然很可能會「贏了面子輸了裡子」。理想很豐滿，現實很骨感。沒有營利能力的支撐，規模再大也沒有用。

滴滴出行自 2012 年成立以來，經歷了模式創新、資金入股、補貼大戰、產業整合、輿論公關、業務創新等一系列階段。根據 2019 年胡潤百富榜對公司市值的估算，滴滴出行的市值已經高達人民幣 3,600 億元。

然而，截至 2019 年底，滴滴依然沒有獲利。到 2020 年 5 月，公司總裁柳青接受美國《CNBC》（全國廣播公司商業頻道，Consumer News and Business Channel）採訪時表示，滴滴的核心網約車業務，已經處於小幅獲利狀態，然而很多人對此持懷疑態度，並且其中涉及財務核算項目

的問題。

2019 年 2 月，滴滴創始人程維在內部信中表示，自 2012 年成立到 2018 年，公司從未獲利，六年累計虧損人民幣 390 億。根據相關統計，截至 2019 年底，滴滴在七年內累計虧損超過人民幣 500 億。

夠高的進入門檻，持續的供需黏著度，一定的營利能力，是應用搭檔子模式缺一不可的三大要素。個體如果要應用這種模式，就要審視自己是否具備這三大要素。如果具備，則可以嘗試；如果不具備，盡早放棄，選擇更適合自己的商業模式。

如何應用搭檔子模式

看到這裡，相信很多讀者會認為搭檔子模式是一種不適合個體應用的商業模式。其實不能一概而論，雖然在一些肉眼可見的宏觀經濟領域，個體確實很難再找到機會，但在一些為限定族群提供特定服務的領域，具備一定資源和能力的個體完全有可能成功應用這套商業模式。我有位叫孫宇的朋友就是個體成功應用搭檔子模式的案例。

孫宇大學畢業後在一線城市的頂級培訓公司做了三年多的講師管理和課程銷售，他的工作職責包含發掘優質講師、與講師建立合作關係、定期維護優質講師資源。這份工作讓孫宇認識了很多來自不同領域的優質講師，其中包括國外的知名講師，同時孫宇也摸透了整個培訓產業的標準運作模式。

由於父母希望他回家安定下來結婚生子，孫宇不願違背家人的意願，就回到三線城市的老家。回到老家後，孫宇找到一份當地頂尖公司的培訓管理工作。新工作的工作強度和壓力沒有原來的大，於是他可以自由

支配的時間比以前多。

　　這也正是孫宇父母希望他回老家的原因，三線城市的生活節奏慢，可以有更多屬於自己的時間。然而孫宇在下班後的時間並沒閒著，雖然人在三線城市，但他沒有選擇安逸。一顆渴望更好生活的心讓他一直在嘗試不一樣的活法。

1. 1.0 版本──學習小組

　　孫宇很喜歡讀書學習，他很多朋友在不知道該讀什麼書時都會找他推薦，也有些不想自己讀書的人喜歡和他聊書，主要是想聽他說書。他索性嘗試和幾個朋友建立一個學習小組，定期舉辦讀書分享活動。參與學習小組的人會定期讀書打卡，這樣既能相互監督，又能交流學習。不到一年時間，這個學習小組發展到一百多人，而且成員都成了線下經常見面的朋友。

2. 2.0 版本──考證照社群

　　學習小組的人數多了之後，孫宇發現小組裡都是渴望學習的職場工作者。這些人除了想透過讀書學習新知識，還有考職業技能證書的需求。當地雖然也有相關的補教培訓機構，但講師的專業度有限，教學品質一般。孫宇利用自己當年在一線城市的資源，整合了一批優質講師，開始在當地舉辦各類職業技能證書考試的培訓班。各類培訓班開辦起來之後，報名考照學習的人愈來愈多，隨著學員陸續加入微信群，孫宇有了幾十個微信群，超過五千名群組成員。

3. 3.0 版本──接觸企業端

　　隨著社群愈來愈大，接觸的人愈來愈多，孫宇開始接觸當地的企業。三線城市企業家的經營管理理念與一線城市相比差距較大，雖然很多企業管理比較鬆散，但企業也希望透過鼓勵員工考取職業技能證書促進員

工學習，全面加強員工的能力。孫宇本身又在當地的頂尖企業負責培訓工作，很多企業找孫宇為自己的企業設計員工學習計劃，計劃內容除了考照的學習，還有職場技能、溝通方法、自我管理方法等等。

4. 4.0 版本——企業家圈層

與企業接觸一段時間後，孫宇漸漸認識了很多企業家，進入了當地企業家的社群。孫宇因為讀書多、見識廣，很多企業家不但和他聊得來，而且很欣賞他的思考格局。知道孫宇之前做的這些事之後，很多人信任孫宇，請他為自己的企業設計培訓體系和提出建議。孫宇也很大方，毫無保留地分享自己知道的知識。一來二去，孫宇和很多企業家成了無話不談的朋友。

5. 5.0 版本——搭建平台

孫宇對企業的培訓需求有很深入的理解，同時又掌握大量優質講師資源。於是孫宇搭建了一個平台，平台上有各領域優質講師的詳細介紹和授課報價。企業可以根據需求在平台上選擇適合自己的講師，而且可以在培訓後對講師做出評價回饋。孫宇在企業和講師達成合作後收取佣金。孫宇擁有企業家社群的資源，也確保了平台的高使用率。

雖然孫宇建立的是一個有地域特徵而且相對小眾的平台，但該平台完美地滿足了搭檯子模式成立的三個關鍵。

（1）夠高的進入門檻。地域特徵、企業家社群、優質講師資源以及孫宇本人的能力和經驗累積等都是較高的進入門檻，其他人很難複製。就算有大額資本想做類似的事，做宏觀的全國平台也許可行，但在當地市場依然很難與孫宇的平台競爭。

（2）持續的供需黏著度。講師是一個偏向需求方的市場，講師很多，只要能識別其中的優質資源並與其建立良好的關係就可以。企業一定會

有各種培訓需求，但他們為什麼要在孫宇的平台上成交呢？這時孫宇進入的企業家社群就能發揮重要的作用。

（3）一定的營利能力。持續成交能在一開始就為孫宇帶來持續的營利，而且隨著平台持續營運，隨著數據的累積，能夠形成良性循環，讓平台使用者愈來愈多。

許多商業模式無法成立，是由於該商業模式在設立之初就不符合一般經濟規律。孫宇的商業模式之所以能成立，除了滿足搭檯子模式的三個關鍵，還包含三項符合基本經濟規律的底層邏輯。

1. 解決問題

企業聘請外部講師存在一些痛點，而孫宇的平台能解決這些痛點。例如培訓單位會針對企業的培訓需求和預算向企業推薦講師，但企業通常不知道培訓單位有多少同類型的講師，不知道講師的具體情況，也不知道講師是否符合需求。無法有選單選擇，資訊不對稱，因此經常出現企業花高價聘請講師，上課後發現講師並不能滿足企業需要的情況。孫宇的平台能為企業提供講師選擇服務，數據累積可以方便企業進行事前判斷，能夠有效解決這些痛點。

2. 方便使用群體

孫宇的平台方便了企業，企業不用擔心沒有講師可選，不用擔心課程前無法了解講師的基本情況，也不用擔心講師費用不透明因此多投入成本；孫宇的平台也方便了講師，講師不用擔心自己受培訓單位的牽制而沒有展示的機會，那些高 CP 值、有真才實學、內容呈現較好的講師能夠透過平台獲得更多的授課機會。

3. 創造價值

孫宇的平台相當於取代了傳統的培訓單位。傳統的培訓單位由於營

運成本高，會在講師鐘點費的基礎上進行一定程度的加價，孫宇採取的抽成模式，收費遠低於絕大多數培訓單位的加價。這不只能為企業節省培訓費用，而且能讓講師賺到更多的錢，達成企業和講師的雙贏。

03 金字塔模式

◤◸金字塔模式就是分銷式生意，其核心是將頂層的產品或服務透過逐級分銷的模式傳遞給需求方。對於個體而言，要審視自己是否身處金字塔模式中。如果身處其中，要注意自己處在什麼位置，避免出現「人為刀俎，我為魚肉」的情況。如果個體要應用金字塔模式，則要盡量站在頂層，掌握主動權，把重心放在產品、服務以及商業模式的設計上。◿◢

什麼是金字塔模式

金字塔模式的本質就是一種分銷模式，下級獲得代理銷售權，即獲得以某個名義銷售產品或服務的權利。

金字塔模式的商業邏輯如圖 3-8 所示。

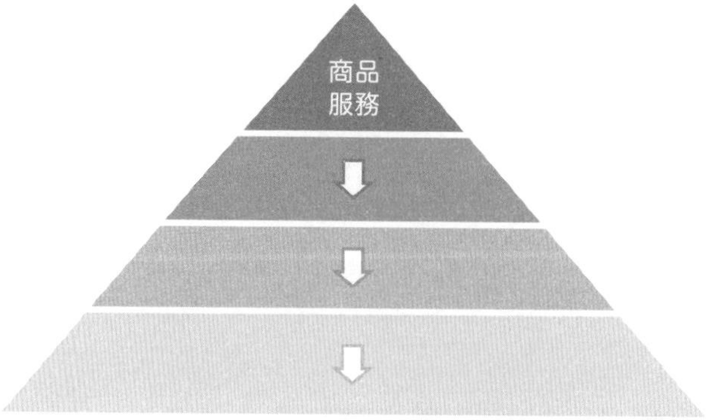

圖 3-8　金字塔模式的商業邏輯

金字塔的頂端是產品或服務，下面的每一級都是為了銷售產品或服務而存在。因為需要逐級覆蓋更多目標市場，所以每向下一級，分銷人數就會增加，於是呈現出金字塔結構。

許多傳統產業的產品銷售也是類似的分銷結構。企業以品牌或產品為中心，會先設置全國或省級代理商，授權全國或省級代理商尋找地區縣市級代理商。企業管理全國或省級代理商，全國或省級代理商管理地區縣市級代理商。

樊登讀書的商業模式

「樊登讀書」的商業模式就是典型的金字塔模式，邏輯與吳曉波和羅振宇的商業模式截然不同。樊登讀書雖然以樊登的名字命名，表面上看來，商業模式類似於吳曉波的同心圓模式，樊登似乎是透過樹立個人IP 建構讀書會社群獲利，但其實並非如此。

樊登於 1976 年出生，畢業於西安交通大學材料系，獲得西安交通大學材料系工學學士學位和西安交通大學管理學院管理學碩士學位，之後又獲得北京師範大學電影學博士學位，當過中央電視台的節目主持人。樊登讀書是 2013 年末由樊登、郭俊杰、田君琦、王永軍共同發起的知識付費型社群。

樊登讀書的定位是做書籍精華解讀的學習型社區，目標是幫助三億中國人養成閱讀習慣，口號是「Keep Learning，每年一起讀 50 本書。」樊登讀書的核心產品包括兩部分：一是線上透過 App 解讀書籍，帶領會員高效率閱讀；二是線下透過各地分會舉辦沙龍活動，帶領會員交流和進步。

隨著用戶規模的擴大，樊登讀書逐漸擺脫產品單一的局面，推出更多周邊產品，例如對企業用戶客層的「一書一課」，對兒童客層的「樊登小讀者 App」，對大眾用戶客層的線上課程和訓練營等知識產品。

　　樊登讀書也大力發展線下業務，除了分會定期舉辦線下活動，還開始營運實體書店。2016 年 11 月，第一家樊登書店在福建泉州正式開業。截至 2019 年 5 月，全中國已開設 230 多家樊登書店。

　　公道地講，在整個知識付費市場中，樊登讀書核心產品的 CP 值並不高。每年會員費為人民幣 365 元（約台幣 1,650 元）在同類型產品中單價偏高，這個產品對大多數用戶而言，買到的是 50 堂樊登親自講解的讀書筆記。以知識量和製作的精良程度，這 50 堂讀書筆記不但比不過「得到」App 的「每天聽本書」，甚至比不過很多小社群舉辦的讀書分享活動。

　　事實上，樊登讀書的快速發展一方面得益於樊登的個人 IP，另一方面得益於金字塔模式。樊登讀書贏在商業模式。

　　樊登讀書商業模式的本質是加盟制，有意加盟樊登讀書的人只要符合加盟條件，可以用樊登讀書分會的名義註冊公司。樊登讀書總部將授予樊登讀書該分會發展會員、服務會員的權利和義務。

　　樊登讀書的分會類型包括城市分會、行業分會和企業分會，其組織架構如圖 3-9 所示。

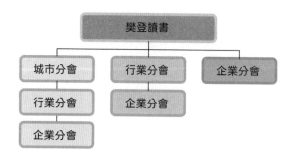

圖 3-9　樊登讀書的組織架構

以城市分會為例，按照加盟類型，城市分會包含省級分會、直轄市分會、市級分會、縣級分會和海外分會。樊登讀書城市分會的組織架構如圖 3-10 所示。

圖 3-10　樊登讀書城市分會的組織架構

樊登讀書的總部設立、服務管理一級通路（省級、直轄市、直屬市級、海外分會），一級通路設立、服務管理二級通路（市級分會），二級通路設立、服務管理三級通路（縣級／區級分會），如表 3-6 所示。

表 3-6　樊登讀書城市分會分級管理關係

序號	分會類型	通路類型	分會申請機構	分會設立機構	管理服務機構
1	省級分會	一級	總部	總部	總部
2	直轄市分會	一級	總部	總部	總部
3	直屬市級分會	一級	總部	總部	總部
4	市級分會	二級	當地省級分會	當地省級分會	當地省級分會
5	縣級分會	三級	當地市級分會	當地市級分會	當地市級分會
6	海外分會	一級	總部	總部	總部

樊登讀書城市分會的設立條件比較寬鬆，主要包括以下五項：

1. 認同樊登讀書的企業文化。

2. 必須具備獨立的法人資格。

3. 有經營場地，至少四名專職員工，有能力開展銷售和服務工作。

4. 針對樊登讀書有一定的營運想法與規劃。

5. 經總部審核，繳納一定費用後，簽訂合作協議。

城市分會的權利主要包括以下內容：

1. 獲得被授權城市區域代理權。

2. 獲得總部在公開通路的品牌支持。

3. 獲得銷售樊登讀書會員卡的利潤分成。

4. 獲得經總部授權銷售衍生產品的利潤分成。

5. 獲得經總部授權區域廣告投放的利潤分成。

6. 獲得經總部授權合理用途「樊登讀書」品牌使用權。

7. 獲得總部支持以優惠價格邀請樊登老師出席分會讀書活動。

城市分會的義務主要包括以下內容：

1. 從事會員推廣工作。

2. 從事會員服務工作。

3. 在城市分會承辦地舉辦會員線下讀書活動。

4. 接受總部對城市分會營運行為的監督管理。

5. 接受總部對城市分會發展業績的考核管理。

6. 接受銷售考核機制。

7. 維護「樊登讀書」的品牌形象。

8. 嚴格保守商業祕密。

樊登讀書的總部對分會主要提供四大支持：

1. 服務支持，提供會員服務支持、活動支持、物料支持。

2. 技術支持，提供產品技術支持、銷售數據平台支持。

3. 培訓支持，提供銷售培訓、書僮培訓、營運培訓、活動培訓。

4. 激勵政策支持，總部按月度、季度、年度定期制定通路激勵政策，鼓勵和刺激分會通路開拓、市場合作、會員發展。

樊登讀書對城市分會的考核主要包括以下四個部分：

1. 基礎考核，考核分會是否持續符合設立分會的條件。

2. 活動考核，考核分會是否依要求的頻率和數量舉辦線下沙龍活動。

3. 培訓考核，考核分會是否依要求的頻率和數量舉辦線下培訓。

4. 銷售考核，考核分會的銷售額和新會員數是否達到要求。

透過金字塔模式，樊登獲得了吳曉波和羅振宇都不具備的優勢。

1. 流量優勢

吳曉波和羅振宇都抓住了微信公眾號崛起的機會，但他們沒有抓到短影音發展的機會。隨著短影音平台的崛起，樊登讀書順勢而為，抓住了抖音 App 的流量趨勢。這也得益於樊登讀書的商業模式。

樊登讀書要求各城市分會註冊抖音帳號，這讓樊登讀書在抖音 App 的帳號數量達到上千個，總粉絲數達到數千萬。這些帳號都在抖音 App 分享樊登說書和講課的影片。當大量來自不同地區的帳號轉發和評論同一支影片，同時發布類似的影片時，抖音 App 的演算法會認為這類影片

熱度較高，影片會獲得更多的推薦。

2. 續約費優勢

續約費率和重複購買率是知識付費產業面臨的難題，這直接決定了知識付費產業到底是曇花一現的產業，還是長青的產業。針對這個難題，吳曉波和羅振宇目前並沒有找到比較好的解決方案，但樊登讀書卻透過金字塔模式讓這個問題得到緩解。

吳曉波和羅振宇是直接面對用戶，需要自己想辦法吸引用戶、管理用戶、留住用戶，而樊登讀書是直接管理加盟商。直接管理數百萬名用戶容易，還是直接管理數百位加盟商容易？答案顯而易見。只要樊登讀書管理好加盟商，加盟商自然就能管理好用戶。

3. 銷售商品優勢

金字塔模式最早是在傳統市場發展起來的，這種商業模式特別適合產品銷售。當金字塔模式成熟後，有了穩定的營運模式和流量基礎，這個模式就會比吳曉波和羅振宇的商業模式擁有更多成功銷售商品的可能。

金字塔的三個關鍵

若想讓金字塔模式成立，需注意以下三個關鍵點。

1. 不能違背道德，更不能違法

一些不法分子常用的傳銷模式和違法加盟模式也是金字塔模式。違背道德和違法犯罪都是無知且短視的行為。個體若想在商業世界立足，信譽是第一位，千萬不要有違法違規的念頭。個體在應用金字塔模式時，要注意了解什麼樣的行為會被判定為違法。

以下介紹台灣《多層次傳銷管理法》（2014 年 1 月 29 日頒布）的規

定（編按：根據《多層次傳銷管理法》第19條第1項），多層次傳銷事業不得為下列行為：

(1) 以訓練、講習、聯誼、開會、晉階或其他名義，要求傳銷商繳納與成本顯不相當之費用。

(2) 要求傳銷商繳納顯屬不當之保證金、違約金或其他費用。

(3) 促使傳銷商購買顯非一般人能於短期內售罄之商品數量。但約定於商品轉售後支付貨款者，不在此限。

(4) 以違背其傳銷計畫或組織之方式，對特定人給予優惠待遇，致減損其他傳銷商之利益。

(5) 不當促使傳銷商購買或使其擁有二個以上推廣多層級組織之權利。

(6) 其他要求傳銷商負擔顯失公平之義務。

　　要判定何種為違法傳銷行為，並非簡單地看是否限制了參與者的人身自由，而是主要看以下三個特徵。

　　(1) 利潤來源。判斷利潤來源究竟是以銷售產品為主，還是以「拉人頭」為主。違法傳銷的工作重心都放在拉人頭，無論位於哪一級，都必須拉人頭，透過拉人頭收會費而營利。如果利潤來源是以拉人頭為主，計酬方式與拉人頭的數量有關，那麼很有可能會被認定為違法傳銷。

　　(2) 存在欺騙。違法傳銷的本質是一種「龐氏騙局」，是建立在謊言之上的商業模式，以下層的錢補上層的窟窿。如果是透過欺騙等手段，用虛假、劣質產品欺騙代理商，賺取代理商的入會費用，常常也會被認定為違法傳銷。

（3）代理限制。如果對代理的要求只是交錢，沒有其他要求、沒有管理機制，而且對代理數量沒有限制、沒有規則，一門心思只想透過增加代理數量收取代理費用，有時候也會被認定為違法傳銷。

2. 有具備競爭力的產品或服務

金字塔模式的頂端是承載商業流通屬性、具有市場性、能夠滿足用戶需求、能夠實現變現的品牌產品或服務。若想成立金字塔模式，頂端的產品或服務就要具備一定的競爭力，進而讓代理商有銷售的動力。

為此，需要持續為核心產品或服務賦能，常見方式如下。

（1）品牌勢能。有了品牌，就有了品牌溢價能力。品牌不但會讓產品或服務更有競爭力，而且能創造更大的利潤空間。

（2）成本優勢。打造品牌需要資金投入，也需要時間累積，如果短期內做不到，可以嘗試建立成本優勢。

（3）差異化。如果沒有品牌勢能，也沒有成本優勢，可以從差異化著手。當產品或服務具備市場上的同類型產品所沒有的屬性時，也能獲得一定的競爭力。

3. 權利及責任對等

金字塔頂端的主要工作是確保產品或服務的價格統一、品質統一，確保金字塔下每一層的利益分配均勻，每一層都有足夠的利潤，確保隨著產品或服務的售出，各一層都能從中獲利。金字塔下層的主要工作是利用自己的銷售管道完成產品或服務的銷售。

我做顧問時遇到過一家傳統企業，該企業銷售業績下滑，銷售人員離職情況嚴重。企業管理者覺得很奇怪，覺得提供給銷售人員的抽成比例在同業中已經算高，為什麼還是留不住人呢？我在調查研究後發現，這個銷售團隊存在嚴重的權利責任不對等的問題。

這家企業有這樣的規定：銷售總監有權降價 20%，銷售經理有權降價 10%，銷售業務員有權降價 5%。為了完成業績，所有業務員都去找銷售總監商議降價銷售，此時議價的權力與責任都歸屬於銷售總監。當然，銷售總監本來就對最終的銷售結果負責，但這樣由高層主管掌握議價權，等於弱化了基層業務員的權力，而實際管理上又會嚴格要求業務員業績達標，如此一來業務員要承擔的責任大，卻沒有相對的價格決定權，最終淪為基層業務員業績差且無利益的惡性循環，當然留不住人。

企業內部尚且如此，金字塔模式更是這樣。金字塔模式是基於經濟利益形成的組織，各層級對權利及責任更加敏感。商業世界的利弊判斷是非常現實且迅速，價格體系混亂，利潤空間太小，權限設置不明，責任劃分不清，都有可能讓金字塔模式迅速崩解。

如何應用金字塔模式

個體如何應用金字塔模式呢？我之前的同事小魚姐就將金字塔模式應用得非常好。小魚姐和我一樣，以前也從事人力資源管理工作，是個實幹型人才，雖然她不太會表達，卻很會做事。她懷孕時已經是高齡產婦。為了更好地照顧家庭，她懷孕後不久就辭去工作安心養胎。順利生產後，做了兩年全職媽媽。

孩子上幼稚園後，她和弟妹一起創業做個人品牌的眼膜，主要採用金字塔模式。

1. 頂層

前文提到，金字塔的頂端掌握著影響力和主動權。小魚姐直接成為金字塔的頂端，而不是加入其他人的金字塔，這一點非常重要。當然這

並不是說加入其他人的金字塔一定不行，而是成為金字塔的頂端一定是更好的選擇。

2. 選品

為什麼選擇眼膜呢？我在問小魚姐這個問題前，以為她會回答她以前接觸過，比較了解，因此才選擇眼膜。但她的回答令我意外，我聽完後大呼「學到了」。小魚姐以前從未深入接觸過眼膜這個產品，會做這樣的選擇，是基於以下三點考慮。

（1）眼膜是主要針對女性消費者的產品，幾乎適合全年齡層的女性族群。女性族群的消費力強，眼膜的單價不高，很受女性族群的歡迎。

（2）眼膜毛利高，獲利空間大，營利能力強，這點可以參考面膜。

（3）眼膜不屬於必需品，不需要花太多精力做繁瑣的供應管理。眼膜又屬於定期使用產品，因此需求量並不小。也就是說，眼膜的供應鏈管理不是小量高頻率，而是大量低頻率，這樣能大幅降低營運管理成本。

3. 競爭力

既然眼膜這麼好，會不會已經有很多人在做這件事了？如何確保自己的眼膜有競爭力呢？

（1）獨立品牌。小魚姐的眼膜有自己的獨立品牌，雖然品牌知名度不高，但是找大廠代工，有整套合格證書。小魚姐的品牌在一開始並不具備較強的競爭力，但隨著品牌勢能的累積，競爭力變強。

（2）成本更低。小魚姐找代工廠一次性大量生產，形成規模效應，能拿到最好的出廠價格，進而獲得成本優勢。許多人覺得形成規模之前，是無法具備成本優勢，但是小魚姐厲害的地方就在於，她在形成規模前，就大膽一次性大批生產。

4. 雙贏

雖然有競爭力，但市場上有那麼多有競爭力的品牌與產品，代理商為什麼要選擇小魚姐的產品呢？搭建金字塔模式時一定要讓代理商有足夠的利潤，不然就沒人願意參與。

為了獲得規模效應和建立品牌，小魚姐把自己的利潤率壓到最低，有時候甚至為了做活動或扶持代理商甘願放棄利潤。這吸引了很多人加入，後來她的忠實顧客不只變成代理商，還因為認同小魚姐的人品，和小魚姐成為無話不談的朋友。

04 生態位模式

▼▽生態位模式源於商業生態系統，個體透過成為一個相對穩定的商業系統中的某個環節，找到商業生態中屬於自己的位置或利基點。這個位置可以是連接點，也可以是掌握核心資源。商業世界中的生態位就是掌握核心價值找到自己的優勢定位，個體透過在自己的利基點為他人創造價值，進而讓自己營利。◁▲

什麼是生態位模式

我在一家零售上市公司工作時，認識了大強哥。我進公司時他已經在市場部工作了六年多，擔任市場部總監。大強哥在這家公司很有名，不只是因為他的職位，還因為他的學歷和晉升速度，總部沒有誰不知道他。

那家公司當時有一萬五千人，大強哥是唯一的「海歸派」，而且是名校海歸。大強哥的家庭條件一般，父母為了送他出國留學賣了房。大強哥回國後本來想去一線城市發展，奈何母親身體不好，大強哥又孝順，於是就回到位於三線城市的老家工作。

大強哥工作很拚命，晉升神速，六年就做到這家公司總監等級職位，大強哥是第一人，董事長很器重他。順便說一句，大強哥的紀錄後來被我打破了。當時很多人看好大強哥，認為他將來在這家公司一定可以平步青雲，成為這家公司的執行長也很正常。

然而，大強哥在我進公司不久後就離職了，一開始傳言很多，直到有一天，公司將紙質海報印刷業務全部給了大強哥，大家才恍然大悟。原來大強哥是去創業了，開始承接前公司的紙質海報印刷業務。一開始他自己沒設備，就低價找代工。幾年後大強哥的生意做得風生水起，自己創辦了一家印刷廠。

　　一次偶然的機會，我和大強哥見面聊天，那時我才算是真正地結識了大強哥。雖然我們曾在一家公司共事，但我當時是人力資源部的「菜鳥」，他是市場部總監，當時和他沒有接觸的機會，我只能從同事茶餘飯後的談論中，聽到關於他的傳奇故事。好不容易見到本人，我決定要多向他請教請教。

　　我問大強哥：「當初你在公司發展那麼好，為什麼選擇離開呢？」大強哥很實在，直接告訴我：「因為我當時發現了一個商機，覺得不抓住太可惜了。」

　　我好奇地問：「什麼商機？」

　　大強哥說：「我發現當時承接公司紙質海報印刷的報價『有貓膩』，印刷的價格有很大的彈性。我試算過，換一家供應商每年至少能為公司省下人民幣 500 萬元。我多次向管理紙質海報印刷的副總經理提出要招標比價，更換這家印刷公司，副總經理始終不同意。後來我調查發現，這家印刷公司的老闆原來是這位副總經理的親戚，我就去找董事長談了這件事。」

　　這是多大的生意呢？這麼說吧，那家公司的主要業務是超市，當時大大小小的超市開了六百家。超市每兩週固定有促銷活動，逢年過節會增加大型促銷活動，有的每週還會穿插小型促銷活動。這些活動如何讓消費者知道呢？所有超市的做法都是印刷海報，根據超市所處商圈的情況，

一家超市每次促銷活動的海報需求量從數千份到數萬份不等。

我接著問：「你怎麼和董事長談的？」

大強哥說：「我把這件事告訴董事長，董事長只是『嗯』了一聲。以我對董事長的了解，我想他之前應該就知道這件事。但礙於那位高管是公司元老，他也沒想好該怎麼辦。於是我靈機一動，向董事長建議，就是我辭職承接這項業務，保證給公司市場最低價。如果有比我報價更低的，公司可以隨時換人。董事長聽完後很驚訝，說他想想再說。」

我說：「那看來董事長後來同意了。」

大強哥說：「是的，董事長後來找我非常認真地談了一次。他說和我共事這些年，了解我的為人，他信任我，希望我留在公司發展，但也尊重我的個人選擇。我考慮了一段時間後，又和董事長談了一次，選擇了承接這項業務。」

我說：「以你的學歷、能力和資歷，不在公司繼續發展實在可惜。董事長這麼信任你，未來很可能讓你擔任執行長。」

大強哥笑笑說：「不可惜，我現在不也活得挺好嘛。在公司做執行長有什麼好呢？每天工作忙碌，而且工作好壞很難有客觀的標準。我現在成了公司的供應商，只要確保價格和品質就可以了。我覺得現在比在公司發展更好。」

大強哥沒有跟我說的，是他現在的收入已經是當初擔任總監職務收入的十倍。我從局外人的角度來看，大強哥當然也是現在更好了。

大強哥的商業模式是生態位模式。所謂生態位模式，是指在商業生態系統中找一個適合自己的利基點，運用現有的資源和能力占據那個位置，讓自己變得不可替代，透過在那個位置上持續為商業系統輸出價值，進而營利的模式。

有一種魚叫做盲魚，顧名思義，就是沒有眼睛的魚。盲魚生活在沒有光線的洞穴中，最早在墨西哥發現，後來在歐洲、非洲、亞洲都有發現。沒有眼睛絲毫不影響盲魚的行動。牠們的游水速度與其他魚類相比也毫不遜色，可以自由地在水中穿梭。

生物學家認為盲魚是生物演化的結果：牠們的祖先在數萬年前是有眼睛的，但因為無意中闖入了沒有光的生活環境，眼睛就變成了沒有用的器官，於是隨著時間的推移，牠們的眼睛開始退化，直至消失。

生物的進化與退化，不能簡單地用器官的機能來判斷，而要看生物能否在適應環境的同時，讓自己生活得更好。

大強哥就像盲魚，他雖然一開始選擇了一條很多人不理解的道路，但看到他後來的發展，相信很多人都會認同他當初的選擇。

李子柒的商業模式

從 2018 年開始，「李子柒被央視表揚」、「李子柒被寫入小學考卷」、「李子柒紅遍全球」等新聞陸續出現在網友的視野中，這讓很多原本不知道李子柒的人也開始看李子柒的影片。對於大多數第一次看李子柒影片的人而言，他們最大的感受是「哇，真好」。這種好是畫面的美好，是意境的美好，是生活的美好，這種好彷彿就是追不到的詩和遠方。

李子柒本名李佳佳，1990 年出生，老家在四川省綿陽市。與吳曉波、羅振宇和樊登相比，這位「90 後」資歷尚淺，但李子柒個人品牌的商業價值一點都不比他們低。李子柒的商業模式非常簡單，簡單到每個網友都能看明白，如圖 3-11 所示。

李子柒透過獨具特色的短片累積認知、獲得流量，為自己樹立起個

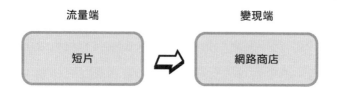

流量端　　　　　　　　變現端

短片　　⇨　　網路商店

圖 3-11　李子柒的商業模式

人品牌，透過網路商店銷售商品變現。

　　李子柒優勢在哪裡？

　　是在網路商店商品的品質嗎？當然不是。其實仔細看李子柒網路商店銷售的商品就會發現，它們有一個共同的特點，就是技術門檻比較低。每一種商品都是行業技術已經非常成熟，代工生產（Original Equipment Manufacturer, OEM）比較容易的商品。在網路商店端，李子柒的團隊只要能確保商品品質穩定、供應鏈不出問題即可。

　　李子柒商業模式的核心，顯然在流量端。在流量端，李子柒優勢在哪裡呢？其實就在她找到適合自己的短片生態位上。

　　李子柒的短片呈現的是「世外桃源」的風格。同樣是呈現美，商業包裝出來的速食式短片強調的是女性妝容的美、衣著的美，而李子柒的短片用畫面之美、內容之美、境界之美、自然之美來敘事，每一幀畫面都美得像一幅畫，令人神往，讓人回味。人物之美與自然之美相得益彰，李子柒透過短片內容的呈現，把鄉土田園生活過成每個人都想要的樣子。

　　大多數短片內容強調「動」，因為這樣會給觀眾帶來強烈刺激；而李子柒的短片內容強調「靜」，短片中甚至連旁白都沒有，清新恬靜、柔中帶剛。大多數短片內容強調「快」，意在快速輸出大量能刺激觀眾的資訊；而李子柒的短片強調「慢」，怡然自得、渾然天成。

　　這種放棄霓虹喧囂，堅持回歸鄉野自然，走「慢工出細活」精緻短

片路線的方法，讓李子柒在競爭早已白熱化的短片市場中為自己開拓一個生態空間，占據了一個獨特的生態位，闖出了一片天。就像盲魚放棄了眼睛，反而活得很好。

李子柒短片的成功是多方作用的結果。

1. 獨特的個人經歷

李子柒六歲時父親去世，她便投奔爺爺奶奶。爺爺精於農活、做過鄉廚、編過竹器、做過木工，李子柒從小給爺爺當助手，耳濡目染，也學會了這方面的技能。後來爺爺去世，奶奶獨自撫養她，生活艱難。

十四歲時，李子柒在都市裡漂泊打工，睡過公園長椅、做過服務生、當過 DJ。二十二歲時，奶奶生病，她便回到家鄉照顧奶奶，開了一個淘寶店，但生意慘澹。她拍攝短片的過程也不是一帆風順。她在嘗試了幾類不同風格的短片後，才轉向古風美食類，但早期的影片品質一般。

後來她拉長影片拍攝週期，不急功近利，還原食物本來的樣貌，回歸自然，追本溯源，又透過在影片的畫面、拍攝角度、剪輯等各方面下功夫，把影片內容做到了極致。例如其他人拍美食類短片是做一道菜，其中用到了醬油，而她是從種豆子開始拍起，影片包含豆子的播種、生長、收穫的完整過程。曾經為了拍攝一期製作蘭州牛肉麵的影片，她專程去蘭州向專業的拉麵師傅學習。

李子柒獨特的個人經歷，塑造了她多才多藝、吃苦耐勞、獨具匠心、潛心鑽研、精益求精的品格。她的匠人精神是一種難能可貴的優勢。

2. 短片的紅利期

李子柒的短片最早是從 2012 年開始，古風美食類的影片是從 2015 年才開始拍攝，2016 年之後她的影片才逐漸在網路上廣為流傳。那時正好是「美拍」發展的紅利期。隨後微博開始重點推廣短片內容，李子柒趕

上了微博影片內容崛起的紅利期。同時間，papi 醬也是趕上了這波風潮。

中國影片平台先後獲得大量融資又逐步崛起，需要優質的影片內容，而李子柒的影片則是所有影片平台都無法拒絕的內容。大家在看多了燈紅酒綠的短片之後，看李子柒的影片能夠讓內心獲得一絲寧靜。

3. 文化輸出背景

李子柒的影片恰好也契合文化輸出背景。

2019 年 12 月 6 日，中國《人民日報》發表評論〈文化走出去，期待更多「李子柒」〉。2019 年 12 月 10 日，「新華社」發表評論文章〈讀懂「李子柒」，此中有真意〉，同日，央視新聞也對李子柒給予了正面評價。2019 年 12 月 14 日，李子柒獲得由《中國新聞周刊》主辦的「年度影響力人物」榮譽盛典「年度文化傳播人物獎」。

李子柒的影片隻字未提中國文化，卻有效地把中國文化傳播到國外，讓外國人為之驚嘆。李子柒透過普通的農村生活素材，展現了美好的自然風光和實實在在的生活。即便是外國人，也能感受這種美好。李子染的影片能夠勾起他們對田園生活的嚮往，引起他們對中國傳統文化的興趣。

4. 資本與專業團隊

李子柒是一個人嗎？當然不是。李子柒的背後是資金支持和團隊營運。許多網友質疑李子柒在影片中展現的多才多藝，上到辛苦的大量體力勞動，下到精細的手工勞作，一個小姑娘真的能一個人全部完成嗎？有的網友相信李子柒，有的則相反。李子柒在後續影片中加入了大量製作過程的快轉片段，正是為了回應這類質疑。

拋開影片中李子柒的手工活，光看影片品質、光影把握、畫面比例、鏡頭運用、後期剪輯，就算不懂影片拍攝的觀眾也能感受到這其中的專業程度，這些甚至和著名的美食紀錄片相比都毫不遜色。這背後一定有

一支專業的影片製作團隊。李子柒網路商店的正常營運更是需要專業的供應鏈管理人員和客服人員。

其實在 2017 年 7 月 20 日，李子柒就與杭州微念科技有限公司（現已更名為「杭州微念品牌管理有限公司」）聯合成立了四川子柒文化傳播有限公司，李子染持有 49％的股份。李子柒獲得了資金支持、資源支持、流量支持和專業團隊，而她的主要工作，是專注於短片內容的創作。（編按：本文針對生態位模式以李子柒為案例說明，目前李子柒的影片頻道已於 2021 年停止更新，相關也衍生出網路創作者與其背後資本合作的相關討論議題。）

生態位的三個關鍵

建立生態位模式的方法主要是兩個字——「卡位」。如何卡準生態位呢？這就要用到建立生態位模式的三個關鍵：識別核心價值、適時能力轉換和交換資源。

1. 識別核心價值

許多人認為高收益必然伴隨著高風險，這個認知在金融投資領域也許成立，但在其他很多領域都不成立，收益高低與風險大小之間並沒有必然的關聯。承擔與勢能對等的經營風險，同時獲得高收益的案例比比皆是。與其說高收益與高風險存在關係，不如說高收益與高價值存在關係。價值的大小決定了變現能力的強弱。

每個參與社會生產活動的人都有自己的位置。有的人所在位置的價值比較高，有的人所在位置的價值比較低。在生態位模式中，位置在哪裡不是關鍵，但這個位置是否適合自己，是否在自己現有的資源和能力

下能持續創造價值，進而讓自己獲得最大收益才是關鍵。

1985 年，麥可·波特（Michael E. Porter）提出了價值鏈（Value Chain）的概念，其含義是每家企業都可以用價值鏈來表示生產價值的過程。商業世界裡，有三條常見的價值鏈，如圖 3-12 所示。

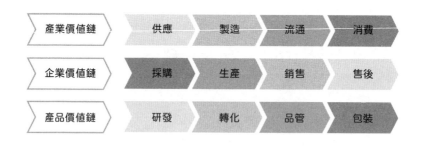

圖 3-12　商業世界常見的三條價值鏈

產業價值鏈是整個產業創造價值的過程，表示透過產業內不同的分工，不同的企業承擔不同的角色，最終把產品交付消費者，完成交易。

企業價值鏈是整家公司創造價值的過程，展現一家企業經過了怎樣的內部環節把產品交到下一級消費者手中，完成交易。

產品價值鏈是公司內部產品產生的過程，以產品為主，描述如何一環一環地讓產品從無到有，再透過銷售產品獲得價值。

在商業世界中，無數的價值鏈相互交匯，能夠形成價值網路。價值網路並非平均分配，其中有高價值的環節，也有低價值的環節。

想要找到屬於自己的生態位，首先要找到自己在商業世界中最具優勢的價值定位。價值活動創造的價值有高有低，只有特定的價值活動才是其中核心，真正地創造價值。那些價值比較高的戰略環節，是關鍵價值位置，通常對應著核心競爭力。

2. 適時能力轉換

如果目前找不到生態位，很多時候是因為自己的能力不足。當發現目前的位置不是自己想要的位置時，可以轉換自己的能力，以達到自己的期待。就算不是為了卡位，當發現自己現在的狀態與未來的期望之間沒有通道時，也可以透過能力轉換來實現。

能力轉換模型如圖 3-13 所示。

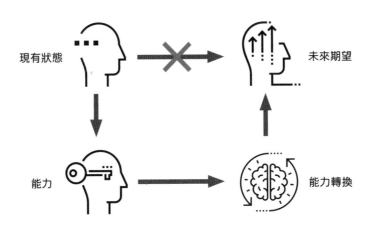

圖 3-13　能力轉換模型

前文提過我的寫作能力不佳，這不是謙虛，之前是真的不好。在開始寫作前，寫書只是我的一個幻想。我之前隱約感覺出書是提高勢能的最好辦法，但因為缺乏寫作能力，一直不敢篤定地實行。直到我的工作發展遇到瓶頸，我才發現，要打破僵局，就必須要做一些原理上正確，但是我之前一直沒做的事。

要出書，至少需要具備寫作能力，但我當時不具備寫作能力，怎麼辦呢？那就培養自己的寫作能力。如何培養寫作能力呢？沒有比開始寫作更好的方法了。若想讓腦子裡的想法實現，最好的方法就是開始行動。

當然我必須承認，行動的過程一開始是痛苦的，但這個門檻必須要邁過去。許多人在自己目前的生態位習慣了安逸，一點都不願意透過行動來改變現狀。就像要取消高速公路收費站職位時，有的收費員說：「我已經三十歲了，什麼都不會，怎麼找工作？」

轉換能力要提早，最好不要等到用的時候才臨時轉換。一般在訂好規劃和目標後，根據自己兩到三年後的期望，就要提前安排能力的轉換。

3. 交換資源

除了能力，資源對卡位也非常重要。能力是內部的，資源是外部的。與能力不同的是，資源的轉換難度比較大，但資源可以交換。交換資源的原理與交換勢能、交換人際關係的原理相同。

如何應用生態位模式

生態位無所謂高級不高級，只有適合不適合。就像盲魚在自然界中找到了生態位，可能看起來不高級，但牠能讓自己很好地生存下去。應用生態位模式之前，要盤點自己所處的生態位，找到適合自己的生態位。生態位模式有三類常見的應用方式：

1. 掌握核心資源

資源等於價值，掌握核心資源就等於占據核心價值位置。資源型生意會讓人具備特殊的優勢。例如獲得行業的經營許可，成為證書授權的培訓機構，獲得參與制定產業標準的資格等都是掌握核心資源的表現。

資源並非可遇不可求，個體可以根據自身領域嘗試掌握核心資源。例如，在線上課程已經銷售趨緩的情況下，我的一個朋友取得特定機構頒發證書的培訓資格，依然能夠把線上課程銷售得很好。

如果自身不具備足夠的資源，該如何獲得資源呢？

（1）透過建立人際關係交換資源。

（2）透過搭建勢能爭取資源。

（3）透過運用槓桿獲得資源。關於如何運用槓桿，我們將在第 4 章中提到。

2. 成為連接點

商業世界呈網狀結構，供應鏈是網，價值鏈也是網。網都有一個特點——存在連接點。如果能夠成為連接點，尤其是關鍵連接點，就能夠占據生態位。連接點並不是新鮮概念，線下的傳統超商、線上的京東超市其實都是連接點，作為銷售終端，它們連接著商品和顧客。連接點的本質是端到端，透過連接解決兩端的問題。

目前中國快遞產業解決「最後一哩路」的問題用的就是連接點模式。各大快遞公司都在深耕「最後一哩路」，最常見的就是自取點和自取櫃位。從目前的運作情況來看，自取點比自取櫃位運作得更好。為什麼？因為很多快遞自取點是個體獨立創業，服務有保障。

3. 嘗試角色轉換

有時候嘗試轉換自己的角色，就能夠實現生態位轉換。例如 A 和 B 兩家公司的情況相似，都需要建立績效管理體系。張三和李四的情況也相似，都有能力幫助公司建立績效管理體系。張三是個資深上班族，李四是個資深管理顧問。

A 公司以年薪 50 萬人民幣聘請張三擔任公司的副總經理，讓他接管

人力資源管理工作，擔任績效管理組長，負責進行公司的績效管理體系建立。A 公司要求張三在三個月之內完成績效管理體系建立。

B 公司與李四商討後，決定將績效管理以專案外包給李四，由李四擔任專案組長。為完成專案，李四可以支配公司內必要的資源。B 公司同樣要求李四在三個月內完成，提供李四專案價格是 30 萬人民幣。

同樣是幫助公司建立績效管理體系，李四的「單位時間收益」顯然高於張三，而且因為李四與張三的角色不同，在同樣的三個月時間內，李四在承接 B 公司專案的同時，還可以承接其他公司的專案，進一步累積個人勢能。張三在完成績效管理體系建立的同時，還要負責很多其他與績效管理專案無關的工作。這就是角色不同帶來的單位時間收益不同。

第 4 章

選擇定位

定位就像「二次投胎」。我們無法選擇自己的出身，
卻可以選擇自己的賽道，選擇自己的活法。定位可以
幫助個體避開不必要的競爭，幫助他人聚焦和認知自
己。定位包括領域定位和功能定位。若個體無法滿足
自身的功能定位，可以選擇與他人合作。

01 領域定位的方法

▨▽ 好好選擇定位，事半功倍。網路塑造了很多大眾市場的「神話」，在小眾市場，依然存在「成名機會」。選擇定位就是選賽道，主要應考慮三個方面的因素，一是賽道是否適合自己；二是賽道值不值得持續跑下去；三是同賽道競爭者的競爭力如何，自己能否成為頂尖。◿◣

網路還有成名機會嗎？

沒有定位能不能實現個體崛起呢？也許能，但會很難。

定位有什麼好處呢？

定位是一種差異化的競爭策略，能夠有效地加強個體的競爭力。如果條件相同的兩個人，一個人有定位，另一個人沒有定位，那麼有定位的人一定會比沒有定位的人更容易崛起。因為定位具備三大作用：

1. 縮小範圍

定位可以幫助個體快速縮小競爭範圍。如果沒有定位，個體就如同把自己置身於網路的汪洋大海之中，與所有人競爭。有了定位，就是為自己選擇了一座島嶼，個體的競爭者縮減為同樣身處島嶼的其他人。

2. 凸顯特質

定位能夠凸顯個體 IP 特質，能讓人快速知道從個體 IP 這裡能獲得什麼。在網路商業世界，我們是誰不重要，我們能提供什麼價值才重要。

定位能夠提供識別，能讓他人迅速了解個體 IP 能提供何種價值。

3. 鎖定關注

定位能夠提高個體被特定群體關注的可能性。每個小眾市場中都有特定的受眾族群，這類族群希望透過關注小眾市場中的特定 IP 來滿足自身需求。清楚的定位更容易獲得流量，有助於快速被關注。

大眾市場存在成名的機會嗎？

也許存在，但對一般人而言，可以簡單地認為不存在。大眾市場是一個大量競爭的市場，布滿大量資金和資源，如不具備較強吸引力、缺乏獨特性、沒有明顯差異化的人很難在大眾市場立足，但小眾市場還存在機會。

大眾市場雖然市場空間大、可能性比較大、上限比較高，但相對應的是，大眾市場的競爭也非常激烈，崛起需要的資源或資金也比較多。小眾市場雖然市場空間小，但很多領域的可能性並不低，上限也不低，重要的是，小眾市場中的競爭比大眾市場小。

如何判斷一個小眾市場是否存在成名機會？

1. 市場空間

判斷一個小眾市場值不值得進入，首先要看小眾市場的市場空間。市場空間決定了一個領域的商業價值。商業價值與個人興趣及市場熱度沒有關係，有些領域雖然個人比較感興趣，市場熱度也比較高，但商業價值比較低，市場空間也不大。

2. 競爭環境

小眾市場的競爭環境決定了進入一個領域的難易程度。看競爭環境時，首先看這個領域位於頂尖位置 IP 的情況，其次看位於中間位置 IP 的情況，最後看位於底部 IP 的情況。如果這個領域頂尖的 IP 發展堅實而強

大，中間的 IP 數量很多且實力不俗，底部的 IP 數量龐大且實力也很強，那就意味這個領域的競爭非常激烈。

3. 自身情況

盤點自身勢能，查找自身優勢，理清自身掌握的資源，進而判斷自己在這個領域所在的位置。這一點可以和競爭環境結合在一起分析。如果某個小眾市場的市場空間大、競爭環境適當，正好也符合自身優勢，那麼進入該領域通常是個比較好的機會。

我一開始的定位是失敗的，當時我給自己的定位是職場。為什麼選職場？因為我覺得職場的市場空間大，受眾族群比較多，未來的可能性也比較高。當時我在簡書上寫文章，也寫自己的個人公眾號和微博，主要寫與職場相關的內容。雖然我累積了數萬名粉絲，但是一直沒找到合適的商業模式。後來我出版的第一本書，內容就是關於職場和個人成長，銷量也很一般。

為什麼當時選擇職場作為定位會失敗？

1. 職場定位表面上看起來受眾很大，中國的數億人口都是潛在受眾，但這個定位過於宏觀，甚至有些虛無縹緲，不夠具體。從表面上看，職場定位的市場空間大，但沒有落實到具體的需求上，因此這個定位的商業價值也是虛無縹緲的。有些需求大家願意付費，有些需求大家更傾向以免費資源滿足。職場中存在大量的假需求，例如求職，看起來是個很大的需求，但網路上有非常多能解決這個需求的免費優質內容。

2. 職場領域的競爭非常激烈。為什麼？因為門檻太低。任何一個有幾年工作經驗，希望透過網路獲得勢能的人都可以給自己貼上一個職場的標籤。在一些流量比較大的平台，甚至有涉世未深的大學生將「攢」出來的知識做成不同形式的內容，也給自己貼上「職場導師」的標籤，

到處教職場上如何對上司下屬溝通，竟也獲得了不少粉絲。

3. 職場這個定位究竟是解決什麼問題？我說不清楚。「職場達人」、「職場導師」這類標籤究竟是解決什麼問題？我說不清楚。大家透過職場這個領域的 IP 能獲得什麼價值？我也說不清楚。這些問題都說不清楚，這個領域就不應輕易進入。

後來我聚焦到自己的老本行人力資源管理領域，我是這樣思考的。

1. 中國有多少人力資源管理工作者呢？根據相關行業機構的粗略估計，中國的人力資源管理工作者超過六百萬人，並以與經濟發展相關的比例每年小幅增加。同時，人力資源管理從業者是動態變化的，每年大約有六十萬人不再從事這個行業，也有大約六十多萬人加入這個行業。

2. 人力資源管理領域有哪些商業機會呢？人力資源管理是企業都有應用需求的領域，這就決定了人力資源管理領域有非常強的企業端需求。除了從事人力資源管理的 HR，上至企業家，下到基層管理者，任何一級的管理者在日常管理員工時都要用到人力資源管理技能。人力資源管理的培訓通常可以和企業管理培訓歸為一類，是培訓領域的大需求。

3. 人力資源管理類別的圖書銷量如何呢？粗略估算，近年中國平均每年人力資源管理相關類別圖書的總銷量大約為 240 萬冊。這個數字雖然和一些大類別相比並不算高，卻也說明人力資源管理相關類別圖書有不小的市場需求。如果成為頂尖，第一步以達成 10% 的市占率為目標，每年實現 24 萬冊的圖書銷售也是非常不錯的成績。

4. 人力資源管理領域的頂尖 IP 是誰呢？我在這個領域做了這麼多年，除了知道一些比較知名的講師，並不知道誰是頂尖 IP。尤其是在圖書市場和線上課程市場，這個領域並不存在絕對的頂尖 IP，這是非常好的機會。

5. 我的人力資源管理經驗豐富，每個部分都做過，具備非常專業的

見解，有在《財星》世界 500 強企業工作的經驗，又是上市公司的高階主管。我既熟悉外商企業的人力資源管理，又知道本土企業的人力資源管理；既做過企業策略面規劃，又熟悉實務操作工具；既有扎實的理論基礎，又有豐富的實戰經驗。這是我的核心競爭力，我在這個領域具有不可替代的優勢。

如何聚焦價值尋找定位

如何找到高價值的定位？

好的定位不只能夠持續為自己創造價值，也能讓自己終身受益。如果定位選擇有問題，不但會花費更多的時間，而且會限制成長和發展。若想找到好定位，可以運用尋找定位的九宮格工具，如圖 4-1 所示。

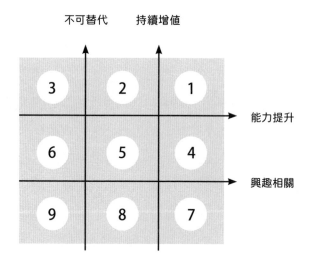

圖 4-1　尋找定位的九宮格工具

尋找定位的九宮格工具中，有四個評價面向：

1. 持續增值

持續增值在尋找定位中占據最優先的位置。

好的定位自帶發展屬性，當個體在這個定位長期發展時，將會隨著時間的推移讓個體不斷增值。這類定位的上限很高，通常是沒有天花板的。相反地，如果是上限不高、天花板比較低、容易走下坡的定位，相對就較差。

例如，與「美麗」相關的定位通常與年齡的關聯比較緊密，隨著年齡的增長，與「美麗」相關的定位比較容易走下坡，很可能出現年齡愈大、價值愈低的特性；但與「知識」、「技能」、「經驗」等相關的定位，通常比較容易隨著時間的推移持續增值，這類定位在很多領域呈現出年齡愈大價值愈高的特性。

2. 不可替代

不可替代是尋找定位時第二個要考慮的元素。

好的定位會讓持續深耕這個領域的人獲得不可替代性。這通常是因為處在這類定位的個體需要從事大量比較複雜的工作，這類工作通常會隨著時間的推移自成一派，很難被人工智慧複製、很難被他人模仿。

例如，與「數位」相關的定位的不可替代性可能比較差，數位類的知識和資訊就擺在那裡，A 可以解讀某個數位產品，B 也可以解讀這個數位產品；但與「漫畫」相關的定位比較容易形成個人風格，尤其是漫畫作品成為 IP 後，其不可替代性就會比較強。

3. 能力提升

能力提升是尋找定位時第三個要考慮的元素。

好的定位能夠不斷滋養個體，會讓個體的能力持續增加。能力增加的

同時也會加強個體的不可替代性。這類定位的特點通常是能夠與時俱進，或者存在大量值得深掘的知識、技能、經驗，可以擴充個體的發展邊界。

例如，與「求職面試」相關定位的知識有限，當然如果硬要「深掘」，也可以發掘出一些相關領域的知識，但這個定位通常具備一定的消耗性，個體因為深掘這個領域而獲得的能力成長有限；但與「人力資源」相關定位的知識、技能和經驗的廣度與深度值得一生學習，長期深掘這個領域，個體的能力也能夠得到明顯補強。

4. 興趣相關

尋找定位最後要考慮的，是興趣相關。

如果定位能夠和自己的興趣相關，是最好的，如果不能，也不要強求。有的人沒有經過客觀分析，直接把個人興趣變成定位，這種做法是不妥的。心理學有一個概念叫「錯誤共識效應」（False Consensus Effect），意思是人通常會覺得自己喜歡的也會被大多數人喜歡，覺得自己的愛好也會是大多數人的愛好，進而高估自己興趣的受眾族群數量。

尋找定位的九宮格工具中，①～⑨代表的含義如下。

①→高持續增值、高不可替代、高能力提升、高興趣相關。

②→高持續增值、高不可替代、中能力提升、中興趣相關。

③→高持續增值、高不可替代、低能力提升、低興趣相關。

④→中持續增值、中不可替代、高能力提升、高興趣相關。

⑤→中持續增值、中不可替代、中能力提升、中興趣相關。

⑥→中持續增值、中不可替代、低能力提升、低興趣相關。

⑦→低持續增值、低不可替代、高能力提升、高興趣相關。

⑧→低持續增值、低不可替代、中能力提升、中興趣相關。

⑨→低持續增值、低不可替代、低能力提升、低興趣相關。

在尋找定位時，可以把與自身相關的領域列出來，分別填入尋找定位的九宮格工具中，根據四個評價面向的優先順序確定自己的定位，一般而言，① ≥ ② ≥ ③ ≥ ④ ≥ ⑤ ≥ ⑥ ≥ ⑦ ≥ ⑧ ≥ ⑨。

多項定位，如何選擇

運用九宮格工具尋找定位，發現自己可選擇的定位太多，捨不得刪除，或者有「選擇困難症」，不知道如何抉擇時，該怎麼辦呢？

這時可以運用在學校考試時，考試卷設置試題的順序進行選擇。試題的設置順序，蘊含著很多有助於解決人生難題的隱喻。定位選擇的四個步驟如圖 4-2 所示。

圖 4-2　定位選擇的四個步驟

1. 做選擇題

首先參考自己的價值排序，搞清楚自己想要什麼、不想要什麼、什麼對自己而言比較重要、什麼比較無關緊要。關於如何找到自己的價值排序，可參考第 1 章的「想法糾結時，如何聚焦核心」介紹了相關內容。

2. 做填空題

運用九宮格工具把適合自己的領域定位全部列出來，然後根據自己的價值排序，找到在價值排序中排序在前的定位，將其填入對應的價值

排序中。

3. 做判斷題

重新審視自己的價值排序和對應的定位，然後判斷自己的價值排序和定位之間的關係是否正確。重複之前的步驟，判斷自己是否有其他的選擇。

4. 做問答題

問問自己，目前排在第一的定位，是不是自己想要的。此時要忽略排在後面的定位，只問自己能不能接受排在第一的定位。想像自己選擇這個定位一段時間之後的狀態，如果可以接受，那麼就可以選擇該定位。

例如小美選擇定位時始終拿不定主意，此時小美就可以運用定位選擇的四個步驟做出決策。

1. 做選擇題

經過價值排序後，小美發現自己價值排序的前三名分別是幫助別人、獲得知識和金錢回報。這三項價值排序是小美的底層基本價值觀，是小美內心希望透過事業發展能夠實現的價值。

2. 做填空題

小美運用九宮格工具找到三個定位，分別是讀書、培訓和育兒。小美很喜歡讀書，舉辦過一段時間的讀書會，有讀書相關的優勢；小美之前的工作是培訓管理，有八年經驗，對培訓管理有些心得，平時偶爾也會提供一些與企業培訓管理相關的內部培訓服務；小美懷孕後有一段時間是全職媽媽，對新生兒的養育比較有心得。

這三個定位與小美的三項價值排序之間存在怎樣的對應關係呢？

（1）幫助別人。讀書、培訓和育兒這三個定位都可以做到，在這一點，三個定位難分伯仲。

（2）獲得知識。讀書更容易做到，能夠獲得大量原本不知道的知識；培訓次之，培訓具備比讀書而言相對較少的知識變換性和創新性，而且具有一定的消耗性；育兒知識有限（若為親子溝通或教養，則比養育新生兒範圍更大），育兒更偏向於特定知識在不同人身上的重複應用。

（3）金錢回報。對於小美而言，讀書為她帶來的金錢回報高於培訓，培訓為她帶來的金錢回報高於育兒。考慮未來一段時間內的經濟收益，三個定位的排序應該是讀書＞培訓＞育兒。

3. 做判斷題

小美重新審視自己的價值排序和定位選擇，重新思考價值排序和定位之間的對應關係，認為目前的判斷是正確的。經過前面的步驟，讀書這個定位是最適合她的定位。

4. 做問答題

小美問自己：將來成為一名領讀人是自己想要的嗎？自己能夠接受嗎？答案是能夠接受，她願意認同這個定位。

經過這四個步驟，小美為自己選擇的定位是讀書。

其實讀書還是過於宏觀，這個領域的競爭激烈。我會建議小美在讀書領域之下，選擇某個類型的圖書。例如科幻小說類圖書領讀、經營管理類圖書領讀或國學經典類圖書領讀，這樣更容易讓他人快速識別自己，更容易占據生態位。

02 功能定位的方法

▼▽領域定位是選擇大賽道，功能定位是選擇小賽道。選大賽道主要看價值，選小賽道主要看優勢。術業有專攻，專注於自己擅長的事，把不擅長的事「外包」給別人做，才能讓自己的優勢愈來愈突出。◿◢

加強弱點真的有用嗎？

有這樣一則寓言故事。

為了和人類一樣聰明，森林裡的動物開辦了一所學校。動物學校開設了五門課程：唱歌、跳舞、跑步、爬山和游泳。小兔子被送進這所動物學校，牠最喜歡跑步課，並且總是得第一；最不喜歡游泳課，一上游泳課牠就非常痛苦。

但是兔爸爸和兔媽媽要求小兔子什麼都學，不允許牠有所放棄。小兔子只好每天垂頭喪氣地到學校上學，老師問牠是不是在為游泳太差而煩惱，小兔子點點頭，盼望得到老師的幫助。老師說，其實這個問題很容易解決，你的跑步是強項，但是游泳是弱點，這樣好了，你以後不用上跑步課了，可以專心練習游泳……

小兔子根本不是學游泳的料，即使再刻苦、再努力，牠也不會成為

游泳高手；相反地，如果訓練得法，牠也許會成為跑步冠軍。在網路商業世界中，酒提原理比木桶原理更適用。

　　木桶原理說的是木桶盛水的多寡由木桶最短的一塊木板長度決定。由此推斷，每個人所獲得的成就，由短板（弱點）的長度決定。根據這個理論，很多人花費大量時間，拚命補強能力上的短板（弱點）。可悲的是，補來補去，到最後大部分人都「差不多」了，看起來就好像是從一個模子裡刻出來的。結果是，大部分人的努力沒有讓自己走向卓越，反而讓自己變得愈來愈平庸。

　　加強弱點真的那麼重要嗎？

　　季羨林當年數學只考四分，但這並不影響他成為一位傑出的文學家與歷史學家；臧克家的數學考零分，但這並不影響他成為一位傑出的文學家；吳晗的數學兩次考零分，但這並不影響他成為一位傑出的歷史學家；馬雲的數學曾考過一分，但這並不影響他成為一位傑出的企業家。常有人問我這樣的問題，「我做不好時間管理，我該怎麼提高自己的時間管理能力」、「我對數字超級不敏感，我要怎麼做才能對數字敏感」、「我不喜歡與人溝通，我要怎麼做讓自己變得健談」。

　　回答這些問題前，你也許應該先問自己：這些能力是必須的嗎？可不可以放棄？能不能利用合作夥伴的能力？如果必須使用這些能力，但能力不足，就需要刻意練習加強這些能力；如果有些能力其實用不上或根本不會用，又何必糾結？

　　例如，一位專門做職業禮儀培訓的培訓師，大概一生用不了幾次財務領域的全面預算管理能力；一位金融行業的管理者，大概也用不上機械設計製圖能力；一位專注做手工藝品的匠人，又何必去學習寫程式？

　　我曾經有位同事在技術部門，業務能力一流，善於鑽研和創新。他很

專注，把所有精力都用在研究技術的突破和產品的創新。凡是他帶團隊做出來的產品，都明顯優於其他人的產品。但這個人也有個很大的弱點，就是不善於處理人際關係。很難想像部門負責人跟執行長一言不合就拍桌子吧？但他敢！很難想像下屬認為主管的想法不對就直接不執行命令吧？他敢！

通常而言，這樣的人在職場上可能很難有好的發展，但他發展得很好。為什麼？因為他有特長，這個特長足以彌補他的缺陷。執行長能容忍他，正是因為他的技術研發能力。而他的這種能力，也確實為公司帶來巨大的價值。許多人以為善於溝通、經營關係是職場的「王道」，但一個人能在職場上走多遠，往往取決於核心競爭力。

不要做木桶，要做酒提。酒提是打酒的工具。以前的酒都裝在大罈子裡，因為拿起罈子倒酒太費力，人便發明酒提，用於深入酒罈舀酒。酒提的底部與木桶相似，都是一種容器，但差別在於酒提有個很長的把手。

酒提的底部相當於人的基本素質，例如人的智商、世界觀、人生觀、價值觀等。酒提的底部非常重要，沒有底就是「竹籃打水一場空」。有了酒提底，還要有酒提壁。酒提壁相當於人的基本能力，例如溝通能力、思考能力、行動能力等。素質加上能力，構成了酒提的基本功能。

酒提原理的核心部分是酒提的把手。如果酒提沒有把手，其他部分加起來最多也就是個杯子。把手代表的是每個人的核心競爭力，是可以拿出來「秒殺」其他人的終極技能，而這個技能一定是個體既感興趣、又擅長的優勢能力。

把手既然是酒提的關鍵，就需要長時間的打磨和累積。不要幻想自己具備超能力，任何一個行業或領域的優秀人物具備的「超能力」都是經過長時間刻意練習而來。刻意練習的時間長度決定了把手的長度，決

定了個體可以在多深的酒罈中打酒。

酒提原理也可以從經濟學的角度來解釋。

1. 從機會成本的角度來思考。如果做出一個選擇，就必須放棄其他的選擇。但每放棄一個選擇，都涉及這個選擇的機會成本。如果選擇擅長的事情，將放棄最小的機會成本，獲得最大的效益。

2. 從效率原則的角度來思考。如果張三擅長畫畫，不擅長打籃球，那麼張三畫畫的效率顯然會高於打籃球的效率。張三畫畫，可以讓自己更得心應手，不會浪費自己的努力和付出，可以獲得最大的成果。

選擇功能定位應該把喜歡的和擅長的結合起來考慮，尋找兩者之間的交集。

百度創始人李彥宏曾經在上海交通大學「創新與創業大講堂」報告會上談起自己的創業體會：「百度始終沒有去做其他事情，不管那些事情多麼賺錢。簡訊曾經非常賺錢，遊戲到現在仍然非常賺錢，規模可以做得非常大，我們都沒有去做。因為我的理想並不在那些領域，我喜歡的是透過我的技術讓更多人更容易地獲得資訊。」

「作為一個工程師出身的創業者，我希望把自己的技術運用到社會上去，讓更多的人從中獲得收益。這麼多年來，我之所以在大家看來沒走什麼彎路，很重要的原因就是我只做自己喜歡並且擅長的事。」

「開始創業的時候，每個人一定要想想自己最擅長做什麼。目前，整個商業社會的競爭是非常多、非常激烈的，如果說這件事情其他人做起來比你更擅長，那你再喜歡它也沒有用，你是做不過人家的。所以，這種情況下一定要考慮自己最擅長做的事情，再去做。」

如何劃分功能屬性

在網路商業世界，有哪些功能屬性呢？

網路商業世界的一切價值創造都離不開三個面向——產品、流量和轉化率，所有的銷售都圍繞這三個面向展開。與這三個面向對應的，是四種不同的角色：產品人、營運人、行銷人、媒體人。三個面向和四個角色構成了「3 + 4 模型」，如圖 4-3 所示。

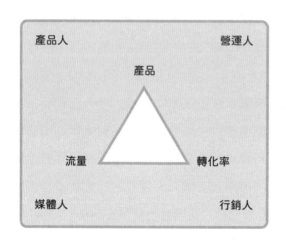

圖 4-3　網路商業世界的「3 + 4 模型」

在所有成功的網路商業案例中，三個面向和四個角色缺一不可。個體功能屬性的定位主要落在四個角色上。

產品人角色主要負責生產和輸出產品或服務。產品或服務是滿足用戶需求的媒介。

營運人角色主要解決連接和關係問題，負責把產品或服務與通路連接，確保用戶獲得產品或服務。

行銷人角色主要負責產品或服務的包裝和銷售，以讓產品或服務達

到最大的銷售結果。

媒體人角色經營流量終端，直接與用戶交流，能促進產品或服務的曝光。

下面以人力資源管理領域的線上知識付費課程為例。

產品人為課程品質負責。產品人根據課程主題和目標族群的情況，負責線上課程的開發和製作，確保課程大綱有吸引力，課程內容有用，有工具和方法論，能解決實際問題，讓學員聽完課程之後有所收穫。

營運人為運轉效率負責。營運人以用戶需求和產品屬性為中心，協調產品人、行銷人和媒體人的關係，確保每個角色各司其職，使營運流程暢通高效，讓線上課程能夠又快又好地傳遞給用戶，並確保售後服務的品質。

行銷人為最終的銷售負責。行銷人準確找到這套課程的核心賣點，以用戶的痛點制定銷售計劃，為課程制定銷售方案、設計行銷方式、撰寫相關文案等，確保達成銷售目標。

媒體人為曝光流量負責。媒體人聯合其他媒體端，例如相關微信公眾號、微博、抖音等流量端，在適當的時間，按照適當的節奏，將課程推廣的相關內容精準地推送給目標受眾。

一個人有可能同時扮演這四種角色嗎？

有可能，但同時扮演這四種角色的人通常難成氣候。從短期看，這樣的人也許能走通一個商業密閉迴路，但從長期看，這樣的人成長性有限。因為四個角色都扮演應用的是木桶原理，專注扮演好一個角色應用的是酒提原理。一個人的時間和精力有限，四種角色都扮演不如專注於扮演一個角色，其他角色由合作對象來扮演。

以我的圖書出版為例，我的功能定位是產品人，我專注於做好酒提。

圖書要暢銷，產品是其中一個面向；而在其他面向，「寫書哥」和出版社的編輯團隊分別擔任起營運人、行銷人和媒體人的角色，我們三方通力合作、各司其職，才扮演好四種角色，促進了產品的銷售。

許多沒有出過書的人認為直接找出版社出書比找圖書策劃人出書更好，原因是「去掉中間商賺差價」，實際情況剛好相反。

為什麼？

因為中間商不但要賺差價，還要擔任相應的角色。當中間商賺的差價大於所擔任角色的價值時，「去掉中間商賺差價」的邏輯才能成立。而現實往往是中間商賺的差價小於所擔任角色的價值，也就是說中間商雖然會賺差價，但總營收更多，則自己賺的錢才能更多。

中國的電商產業已經發展了約二十年，從最初打著去掉中間商賺差價，到今天已經能保證全國大多數城市生鮮品項在 24 小時內送達，中間商消失了嗎？沒有。大家買的生鮮商品全都直接來自生產者嗎？並不是，絕大多數的商品依然透過經銷商銷售。

因為經銷商擔任了營運、行銷和媒體的角色。生產者只需要做好自己產品人的角色。分工帶來效率，這是經濟學的基本規律。

一個人什麼都做，效率反而更低。資訊互通讓很多人覺得角色門檻變低，以為自己什麼都可以做。其實，利用資訊互通加強合作，讓更多人進入自己的商業模式中的人更容易有好的發展。

如何尋找功能定位

如何尋找自身的優勢，進而找到適合自己的功能定位呢？

首先要準確找到優勢領域，可以採用 SIGN 模型，如圖 4-4 所示。

圖 4-4　SIGN 模型

1. Success（成功）

典型感受：充實、高效、比較強的創造力和成就感。

具體表現：做某個領域的事情，能夠做得更快，發揮得更好，比起其他人更能行雲流水地一氣呵成。

2. Instinct（直覺）

典型感受：期待、興奮、有比較強的吸引力和探索欲。

具體表現：當看到其他人做某個領域的事情時，心中會燃起一股「我也想做這件事」的念頭；如果沒機會做，就會對做這件事充滿期待；當開始做這件事之後，會有興奮感，會對這件事進行充分探索。

3. Growth（成長）

典型感受：輕鬆、簡單、有比較強的專注力和求知欲。

具體表現：做某個領域的事情，感覺較容易上手，做得比其他人更快，比較不容易受外界干擾，在該領域的學習能力很強，甚至有時能無師自通，學習後的認知水準比他人更高。

4. Needs（需求）

典型感受：想要、需要、比較強的存在感和滿足感。

具體表現：當不做某個領域的事情時，會覺得難受，非常想要成為該領域的某類人，非常想要達到與該領域相關的某個狀態；在該領域做事時，能獲得存在感；當在該領域達到某種狀態時，能獲得滿足感。

尋找自身優勢可以用 SIGN 模型的原理透過評分表為自己評分，如表 4-1 所示。

表 4-1　SIGN 模型評分表

面向	領域 A	領域 B	領域 C
Success（成功）			
Instinct（直覺）			
Growth（成長）			
Needs（需求）			
合計			

填寫 SIGN 模型評分表可以分以下三步驟進行。

1. 把與自身相關的領域寫入 SIGN 模型評分表。

2. 對不同優勢的程度高低對應 1～5 分，填入 SIGN 模型評分表。

3. 將不同領域內的分數相加得到總分。比較各領域的總分，選出適合自身的功能定位。

這個工具除了可以尋找功能定位，也可以尋找領域定位。在尋找領域定位時，這個工具最好和九宮格工具一起使用。

例如小美是一位高中生的母親，一直從事財務管理相關工作，是一家上市公司的高階財務經理。孩子臨近大考，小美自學了很多填報志願的相關知識，發現自己入門和學習都很快。

由於年齡和職位的原因，小美在工作上總會遇到年輕同事向自己詢問關於職業生涯規劃相關的問題，漸漸地，小美對職業生涯規劃也產生

了濃厚的興趣。

　　小美目前可選擇的有財務管理、大考志願填報和職業生涯規劃三個
領域。小美在選擇自己的優勢領域時，運用了 SIGN 模型評分表，得到的
分數如表 4-2 所示。

表 4-2　SIGN 模型在選擇領域定位時的評分應用案例

面向	財務管理	大考志願填報	職業生涯規劃
Success（成功）	3	5	4
Instinct（直覺）	4	5	2
Growth（成長）	3	5	4
Needs（需求）	3	4	4
合計	13	19	14

　　根據 SIGN 模型評分表的結果，小美可以判斷在這三個領域中，自己
在大考志願填報這個領域具備相對優勢。需要注意的是，選擇優勢領域
只是從自身出發，根據自身優勢選擇，並沒有考慮該領域的市場規模大
小、競爭激烈程度、是否存在成功案例等其他因素。因此，在選擇定位
領域時，不能只考慮自身的優勢領域，而是要和九宮格工具搭配使用。

　　假設小美在使用九宮格工具之後，選定大考志願填報作為領域定位。
在大考志願填報這個領域定位中，同樣有產品人、營運人、媒體人、行
銷人四種角色。

　　產品人負責大考志願填報的圖書編寫、線上和線下課程的製作，以
及線上和線下的諮詢服務。

　　營運人統籌各方關係，確保將產品順利交付給用戶。

　　媒體人做大考志願填報相關行銷文案的構思和宣傳，發現和吸引潛

在用戶的關注。

行銷人負責圖書、線上和線下課程的銷售以及招生工作。

如何選擇功能定位呢？

小美依然應用 SIGN 模型評分表來進行，她的功能定位的評分結果如表 4-3 所示。

表 4-3　SIGN 模型在選擇功能定位時的評分應用案例

面向	產品人	營運人	媒體人	行銷人
Success（成功）	5	4	5	5
Instinct（直覺）	5	3	3	2
Growth（成長）	5	5	3	4
Needs（需求）	5	3	3	3
合計	20	15	14	14

小美根據自身情況評分後，發現產品人更適合自己的功能定位。此時小美可以把自己的重點放在產品人的相關工作，把營運人、媒體人和行銷人的角色「外包」給合作對象來做，也可以自組團隊或加入其他人的團隊，由自己擔任產品人的角色，團隊成員擔任其他的角色。

03 合作對象選擇與管理

▨▽ 選擇合作對象時，一定要擦亮雙眼，反覆斟酌，確認好雙方的權利與義務之後再合作。◁◢

選擇合作對象的注意事項

我目前的合作對象有哪些呢？

以我的線上課程為例，因為我的領域定位是人力資源管理，功能定位是產品人，因此我在尋找合作對象時，主要選擇人力資源管理相關領域中能夠承擔起營運人、行銷人和媒體人角色的單位或個人。在人力資源管理領域，營運人、行銷人和媒體人這三大角色正好集中在我目前合作的相關領域單位之內。

這類單位的特點是營運和掌握多個人力資源管理的自媒體帳號，累積了一定的粉絲數，已經能夠透過廣告收益變現。為了拓寬變現管道，這類單位嘗試製作知識付費產品，願意與優質的內容生產者合作。我的弱點可以由這類單位的優點補足，這些單位的弱點可以由我補足，於是我與這類單位一拍即合。

我目前已經做了十二套線上課程，與中國超過十五個人力資源各領域線上課程平台有合作。這些線上課程平台有的是自建系統，有的是立足於千聊、荔枝微課和小鵝通等平台的直播間。為了擴大在公共平台的

影響力，我還在喜馬拉雅、網易雲課堂、插座學院等五個公共綜合領域的線上課程平台投放線上課程。

如何選擇合作對象？

選擇合作對象的前提是已經明確清楚自己的領域定位和功能定位。透過領域定位，找到賽道內位於頂尖的合作對象；透過功能定位，準確找到自己與合作對象的分工和關係。在這樣的前提之下，選擇合作對象可以遵循以下三大原則：

1. 互補原則

合作對象的選擇與自己的能力應該是相互互補。如果合作對象擅長的事正好也是自己擅長的事，合作對象做不到的事自己也做不到，那合作將失去意義。例如內容生產者應該優先和流量平台合作，而不是優先與內容單位合作。

2. 雙贏原則

既然是合作，合作雙方就應該保持相互滋養的關係。如果合作對象一味從我們的身上榨取資源，只是利用我們現有的資源達到自己的目的，不願意投入一點自己的資源，這樣的合作就不值得繼續。

曾經有個人力資源管理的自媒體平台剛開始運作線上課程業務時，希望和我合作開設線上課程。那時候我正好有本新書上市，希望這個自媒體平台能幫忙宣傳。結果對方明確表示無法這樣做，理由是線上課程合作已經有利益分潤，書的宣傳就要額外收費。

我建議可以在宣傳線上課程的時候一併宣傳書，對方也拒絕，表示這樣可能會使宣傳的重心偏離。後來我沒有和這個自媒體平台合作。原因是這個自媒體平台顯然只是在網路上尋找內容用以豐富自己的課程選項。就像是開了一家超市，希望以零成本進貨。我又不缺這一個新平台銷售

課程，這個平台對我而言沒有其他誘因，我又為什麼要跟對方合作呢？

　　當然，對於勢能比較低的 IP 而言，也許他們更希望有曝光的機會。這樣的 IP 也許適合與這類單位合作，一方面 IP 能獲得更多的曝光，另一方面單位能獲得豐富的課程類別，能達成雙贏，合作就能成立。

3. 頂尖原則

　　選擇合作對象時應該盡量選擇規模較大、在領域內處於頂尖位置、綜合實力較強的單位，不建議選擇那些剛成立、不具知名度的單位。例如選擇與流量型單位合作，最好與領域內流量最大的單位合作，而且要驗證該單位流量數據的真實性和有效性。

　　如今很多流量平台都有大大小小的 MCN 公司，不過這類公司魚龍混雜，品質差異非常明顯。加入頂尖優秀的 MCN 公司確實對個體有幫助，但大多數位於中段和後段的 MCN 公司則沒有任何加入的價值。

與合作對象談判的注意事項

　　與合作對象談判時，要注意以下三個關鍵點：

1. 謹慎承諾

　　不要輕易對合作對象做出承諾，如果合作對象輕易做出承諾，也不要輕易相信。商業合作雙方都希望獲得好的結果，可是能不能獲得好結果很難說。拿著數十億元的融資最後失敗的商業案例也屢見不鮮，更不用說一般的商業合作，誰也不能保證結果必然是好的。

　　許多合作對象與我們合作時，常常希望我們做出承諾。如果我們經營自媒體帳號，合作對象是廣告主，對方可能會希望我們承諾流量能夠達到一定的水準；如果我們經營內容，合作對象是內容平台，對方可能

會希望我們承諾內容要達到某種效果；如果我們是某個領域的 KOL，合作對象是產品，對方可能希望我們承諾產品能達到一定的銷售金額。

2. 收益同步

一個人的影響力有多大，就看這個人能讓多少人的利益和自己的利益綁定。長期穩定的合作都有一個共同的特點，那就是合作雙方都能從合作中持續獲益。如果一方持續獲益的同時，另一方沒有任何收益，這樣的合作將難以為繼。

曾經有個單位找我談合作，希望我的線上課程能在這個單位的線上課程平台上投放，三個月之內我和平台平分銷售收益，三個月之後我不再享受課程銷售的任何收益。這個單位顯然不了解市場行情，屬於自說自話。當然，希望獲得流量曝光的人也許會考慮這種合作模式。

3. 界定邊界

長久穩定合作成立的核心是權責利對等，是清楚的邊界劃定。權責利的劃分要在合約中約定清楚，三者分別對應合約中的權利設置、義務劃分和利益分配這三項重要條款。合約是合作的要件，千萬不要礙於情面不簽合約。

簽訂合約之前，要將合約的條款從頭到尾、逐字逐句地仔細閱讀。有問題要直接問，要問清楚合約中的每一條分別代表什麼含義。對含義或表述不清晰的條款，應該要求對方約定清楚。要問清楚如果達不到條款的規定，會有什麼後果、應該如何解決。如果自己不具備這方面的能力，可以求助於懂法律的朋友。

簽訂合作合約時，要特別注意以下五個核心問題：

1. 結算問題

合約中要明確約定分潤比例、計算方式、付款條件、付款時間和付

款方式，要明確規定稅務和發票等問題。

線上課程單位有可能為了利益謊報銷量。對方報的課程銷量愈低，獲得的收益就愈高。除了簽訂合約，還有兩種方式可以預防並避免這種情況。

（1）直接透過線上課程平台劃分收益。喜馬拉雅、千聊、荔枝微課、小鵝通等平台都具備銷售線上課程之後直接分潤給講師的功能，這樣可以有效避免線上課程單位黑箱運作。

（2）要求線上課程單位截圖雙方合作課程的後台收益。這樣能在一定程度上避免線上課程單位弄虛作假。

2. 版權問題

版權問題與內容創作者的關聯度非常高，要特別注意。有些合約中包含「共享版權」或「版權歸對方所有」等條款，一旦簽署合約，合作對象就擁有了內容作品的支配權。我曾多次在合作單位的合約中找出這類條款，並要求對方必須修改，否則不進一步合作。

關於線上課程的版權問題，還有三個非常值得注意的事項，一定要在合約中約定清楚。

（1）原始檔案問題。有一次，我的團隊夥伴告訴我有個平台在銷售我的線上課程，但我從未與那個平台合作。我和該平台取得聯繫後，對方馬上說立即下架課程。我問對方的原始檔案從何而來。對方只回應保證銷毀，就是不提原始檔案的來源。我猜想應該是與我合作的其中一個單位內部管理不善，讓心懷不軌的工作人員將原始檔案流出。

自從這件事以後，我就更加謹慎地選擇線上課程合作單位，而且合作時一定會在合約中加入對原始檔案保密管理的條款。此外，千聊、荔枝微課和小鵝通等線上課程平台都具備代售功能。對新合作的平台和新

的課程，我都盡量採取代售的方式，不向線上課程單位提供原始檔案。

（2）會員制問題。我後來發現很多線上課程單位執意索取原始檔案的原因，是這些單位採用會員制。大多數線上課程平台都有會員制功能，就是每年繳納一定費用，可以聽這個單位所有的線上課程。但會員制的費用，線上課程單位通常不會和內容方分潤。

線上課程單位希望自己的線上課程品項多，也是因為會員制。有些單位根本不在意線上課程能否銷售，他們只在意這個課程能不能在自己平台上架，能不能拿到原始檔案。只要上架的課程夠多，購買會員的用戶就可能更多。只有擁有原始檔案，這個課程才有資格加入課程平台的會員資源。

（3）獨家問題。有的線上課程單位為了強調獨特性，會要求享有課程內容的獨家播放權。獨家與流量是互相衝突的，線上課程投放的平台愈多，獲得的流量就愈大。既然要簽獨家條款，線上課程單位就應該保證內容創作者的流量或收益。

例如，得到 App 的線上課程都是獨家內容，是因為得到 App 會保證合作的講師有一定的收益，當線上課程的銷量達到一定程度後，再和講師進行收益分潤。得到 App 這類頂尖平台如此操作是成立的，但是否值得與其他線上課程單位簽訂獨家條款，則要謹慎評估。

3. 價格問題

合約中要對價格有明確的約定，不然可能會因為價格混亂而擾亂市場。例如我有很多線上課程的售價是人民幣 199 元（約台幣 900 元）。打折促銷時，最低可以到人民幣 99 元（約台幣 450 元），但價格不能再低。因為我的線上課程投放在不同的課程平台，如果每個平台都為了銷售打「價格戰」，將不利於市場的穩定。

此外我發現，要謹慎約定價格變化的頻率和時間。例如我的線上課程打折時是人民幣 99 元，曾經一度出現所有平台都是人民幣 99 元銷售的情況，原價 199 元人民幣成了擺設。後來我再簽訂合約時，都約定課程價格變動時要和我商議。

4. 合作週期

　　由於市場瞬息萬變，一般與合作對象的合作週期愈短愈好，能簽一年就不要簽兩年。此外要注意合約到期後的續約方式，要約定在何種情況下可以提出解除合約，要注意解約之後違約金的約定。

5. 證據問題

　　一般而言，所有不明確的事項都要事前在合約中約定清楚，但實際運作的過程，難免會遇到一些突發狀況，因此合約中通常會有「如遇合約中未載明事項，雙方協商」的條款。這時要保留雙方溝通的證據，以免將來發生問題，例如保存信件或通訊軟體聊天紀錄。

第 5 章

持續成長

成長需要勤奮，但勤奮不一定會帶來成長。能夠精準
施力於關鍵點的勤奮才能獲得優於他人的倍速成長。
倍速成長和持續成長都有方法可循，兩者追求的都是
非線性成長。在成長過程運用槓桿不但可以撬動資
源，而且有助於達到倍速成長，獲得事半功倍的效果。

01 倍速成長的方法

◤▽成長意味著變強，可以理解為增長，可以理解為發展，也可以理解為勢能增加。為什麼有的人成長快，有的人成長慢？為什麼有的人成長一段時間之後會停滯，而有的人能夠持續成長？其實這主要是因為他們採用的成長方式有所不同。◿◢

如何達到倍速成長

常見的成長類型分成兩種，一種是線性成長，另一種是非線性成長。其中，非線性成長可以分為指數型成長和跳躍式成長。正是這些不同的成長方式決定個體不同的成長軌跡。

1. 線性成長

所謂線性成長，就是隨著時間推移，成長與時間呈線性關係的成長。這類成長的特點是成長比較平穩，能夠被預測，如圖 5-1 所示。

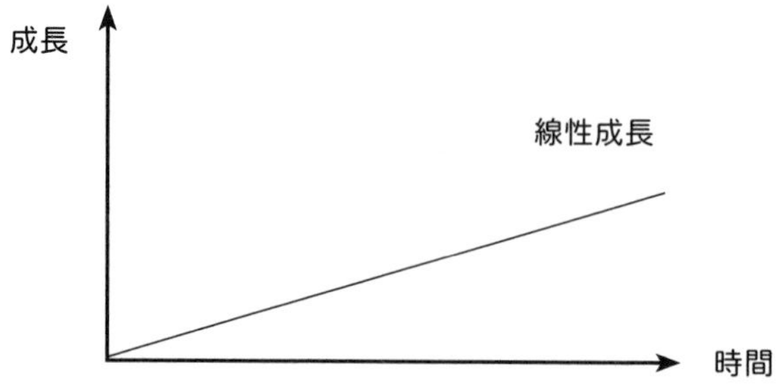

圖 5-1　線性成長

2. 非線性成長

所謂非線性成長，就是隨著時間推移，成長與時間呈現非線性關係的成長。

（1）指數型成長

指數型成長是隨著時間的推移，成長與時間呈現指數關係的成長。這類成長的特點通常是一開始成長的速度比較慢，但達到一定時間後會出現爆發性成長，如圖 5-2 所示。

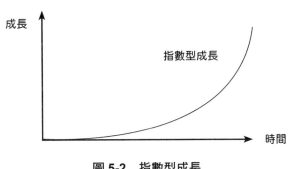

圖 5-2　指數型成長

（2）跳躍式成長

跳躍式成長就是成長曲線不具備連續性，也稱為不連續性成長。這類成長的特點是能夠打破某種穩定局面，雖然一開始成長的速度較慢，但後續能展現跳躍式成長，如圖 5-3 所示。

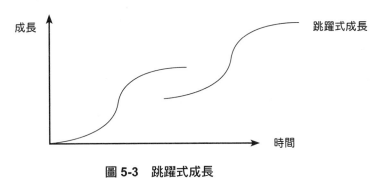

圖 5-3　跳躍式成長

指數型成長和跳躍式成長有什麼不同呢？

當我們追求突破性成長時，指數型成長是我們在較短時間內期待的成長方式，也就是呈現指數級的快速成長。跳躍式成長則是我們在較長的時間期待的成長方式，也就是呈現長久的穩定成長。

我們從前面線性成長和非線性成長的圖形結構能夠看出這兩種成長類型的差異。線性成長雖然也是一種成長方式，比不成長或倒退狀態好，但成長性不如非線性成長。

如何理解線性成長和非線性成長的差異呢？用薪水來舉例比較容易理解。

根據上海市統計局 2020 年 7 年 23 日發布的《2020 年上半年居民人均可支配收入及消費支出》的數據，上海市居民在 2020 年上半年的人均可支配收入為人民幣 36,577 元（約 16.3 萬台幣），按月分換算約為每月人民幣 6,096 元（約 2.7 萬台幣）。

根據中國房屋資訊網站「安居客」發布的數據，上海市 2020 年 10 月中古屋的平均價格為每平方公尺人民幣 5.23 萬元（約每坪 77.4 萬台幣），也就是在上海買一間 100 平方公尺（30.25 坪）的房子，平均價格為人民幣 523 萬元（約 2,342 萬台幣）。假設王五的月薪為人民幣 6,000 元（約 2.7 萬台幣），每月生活開銷為人民幣 4,000 元（約 1.8 萬台幣），每月存人民幣 2,000 元（約 9,000 台幣）。如果王五的薪水和生活支出不變，房價也不變，那麼王五大約需要 218 年才能買得起上海一間 100 平方公尺大的房子，簡而言之就是買不起。

然而社會在進步，個人在發展，王五目前的月薪在上海買不起房，不代表王五成長後的月薪也買不起房。如果王五的月薪成長為人民幣 3 萬元（約 13.4 萬台幣），每月生活開銷為人民幣 1 萬元（約 4.5 萬台幣；

高收入族群每月開銷也更多），每月存人民幣 2 萬元（約 9 萬台幣）。如果王五的薪水和生活支出不變，房價也不變，那麼王五大約需要 21.8 年就能買得起上海一間 100 平方公尺大的房子。

那麼月薪 6,000 元如何增加到月薪 3 萬元呢？假設王五大學剛畢業，大約二十二歲，月薪為 6,000 元。王五的月薪以每年 10％的速度增加，大約十七年後，王五的月薪能夠達到 3 萬元，那時王五大約三十九歲。假設房價不變，王五大約在六十歲時可以買一間房。

這裡需要注意的是，薪水以每年 10％的速度增加雖然是線性成長，但現實中如果只是按部就班地上班，極少有企業能為員工提供這樣的薪資成長幅度。除非員工可以不斷晉升，每年都獲得職位和薪水的提升，但職場總是存在天花板，而天花板也是極少有人能夠達到的上限。

而如果透過非線性成長，達到薪資的跳躍式成長或指數型成長，情況將會截然不同。

線性成長和非線性成長的不同，其實就是量變和質變的不同。量變可以改善生活，而質變能夠打破位階圈層。我最後一份職場工作的年收入大約是 20 萬人民幣。如果我表現極好，年收入每年以 20％的速度增加。三年後，我的年收入大約可以達到 35 萬人民幣，比原來成長 75％。

20％是什麼概念？這已經相當於股神巴菲特投資生涯的年化報酬率，是非常高的年化報酬率水準了。然而這是量變思維。如果時間夠長，量變會帶來質變。但量變無法在短時間內產生階級變化。能夠在短時間內產生階級變化的，通常是質變。

如果以數字表示質變和量變之間的差異，從 1 到 2，從 2 到 3，從 3 到 4，這就是量變；從 1 到 10，從 10 到 100，從 100 到 1000，這才是質變。量變是「加法」，質變是「乘法」。量變帶來數值的增加，質變帶來更

大幅度的變化。

透過非線性成長，我實現了從量變到質變的轉化，獨立創業三年後，我的年收入與最後一份工作的薪資相比成長超過十倍。一個是成長 75%，一個是成長 10 倍，這就是量變與質變的差距，也是成長方式的差距。

如何快速學習經驗

經驗能夠被學習嗎？

有很多人認為不能，因為經驗不同於知識和能力。知識可以透過書本或課程獲得，能力可以透過練習獲得，但經驗必須透過時間來累積。因此論重要程度，經驗＞能力＞知識，經驗比能力和知識更有助於個體成長。

但是其實，經驗能夠被學習，只是學習經驗的方法與學習知識和能力的方法有所不同。要理解這一點，首先要理解什麼是經驗。

經驗指的是工作時間長短嗎？肯定不是。現實中很多工作了三十年的人也不見得在工作上有什麼建樹。為什麼會這樣？因為很多工作了三十年的人只不過是把同一套動作重複做了三十年。這不能稱為有三十年經驗，這只是工作了三十年的時間。

那麼經驗到底是什麼？經驗是一種異常管理能力。經驗說到底，其實也是一種能力，這種能力叫異常管理能力。如何理解呢？

想像一下計程車司機的工作，一個人從不會開車到熟練掌握開車技能，到熟練掌握城市道路規劃（有導航之後這部分變容易了），到熟練掌握計程車營運規範，再到成為一名合格的計程車司機，需要多長的時間？粗略統計，大約不到一年的時間就能做到。

但如果乘客可以自由選擇計程車司機，資深司機肯定比新手司機更受歡迎，因為資深司機的經驗更多。這不是什麼認知偏誤，資深司機在普遍意義上確實就是比新手司機更可靠。資深司機比新手司機多的經驗究竟是什麼？就是對各類異常狀況的應對處理能力。

如果依然難以理解，可以想像這樣一個場景。若是有一條沒有盡頭的路和一輛不需要加油的車，一個計程車司機在這條路上一直向前開，整條路上沒有其他車輛，也沒有行人，不需要轉向，不需要變換車道，不需要閃躲，不需要避讓，也不需要煞車，就這樣一直開，開了三十年。這個計程車司機算是有三十年的開車經驗嗎？當然不是。

那在什麼情況下，這個計程車司機才算有經驗？就是在自己正常轉彎，忽然冒出一輛闖紅燈的機車時，司機知道就算一切正常，也要提防；就是在接到了喝醉酒在車上一睡不醒的乘客時，司機知道這時可以請求警察幫助；就是在開快車變換車道差點發生意外時，司機知道再怎麼樣也不能著急。

有一次我和朋友一起搭飛機，途中發生顛簸，飛機晃得厲害。朋友有些擔心，小聲對我說不會出什麼事吧？我說你也經常出差，又不是第一次坐飛機，需要這麼緊張嗎？朋友說他從沒遇到過顛簸得這麼厲害的情況。我說不用擔心，顛簸得比這更厲害的我都遇過，而且看空姐的表情，絲毫不緊張，可見目前的狀況並不是她們遇到過最糟糕的情況。

經驗就是人經歷一個個關鍵事件後，對這些關鍵事件的處理，以及從中得出的結論。再回到最初的那個問題，經驗可以被學習嗎？

當然可以，只要對這些關鍵事件一件一件地進行總結，最終都能將其歸結為一種異常事件知識或異常處理能力。透過說故事能夠傳授異常事件的知識，透過場景模擬可以補強異常處理能力。

知道這個原理之後，對個人成長有何幫助？最常見的幫助有三點：

1. 辨別價值資訊

當有機會聽到他人分享成功經驗時，其中最有價值的資訊是什麼？不是逆襲式的成功故事本身，而是這個人在過程遇到哪些挫折和困難，有了哪些機遇和挑戰，而對方是如何思考、如何抉擇、如何應對。如果這個人分享的成功經驗中沒有這些有價值的內容，那麼即使這個人再成功，對聽的人而言也只是聽了一個故事，相當於看了一部普通的電影。

2. 累積自身經驗

大家常說「覆盤」，覆盤相當於自省，盤點目標和行為的基本情況，為將來能夠做得更好而累積經驗。但是究竟該覆盤什麼，很多人是沒有抓到覆盤的重心。應該覆盤的是關鍵事件，以及自己面對這些事件時的思考、抉擇和應對方式。這些關鍵事件可以是成功事件，總結成功經驗；也可以是失敗事件，總結失敗經驗。

3. 總結他人經驗

當身邊有人成功或失敗時，也可以採用同樣的方法總結其經驗。大多數人總結自己的成功經驗時，語言模式都是「我做了這個，我又做了那個」，總結的重點主要在成果上，而不是達到成果的過程所遇到的各類問題、挫折以及應對方式，這樣的成功經驗往往難以複製。同樣地，人在總結失敗經驗時，也很容易聚焦在失敗本身。失敗本身不重要，對失敗過程中應對問題方式的解析更重要。

02 指數型成長的方法

▼▽為什麼同樣的起點、背景、努力,有些人成長得很快,有些人卻成長得很慢?很多時候不是成長得慢的人不勤奮,而是這些人只知道勤奮,一直在做漫無方法的勤奮。勤奮是有方法的,這也是達到倍速成長的方法。△▲

成長緩慢,怎麼辦

在同樣類似的背景狀態,為什麼有些人的成長速度是其他人的數倍甚至數十倍?因為成長快的人採用的是指數型成長方式。

指數型成長是一種在短時間內產生爆發性成長的非線性成長模式。蒙牛公司創立五年後上市,創造了上市速度的神話。但蒙牛公司與近年興起的網路公司相比,上市速度還是顯得有點慢。關於上市時間,拼多多花了三年,趣頭條花了八百天。這些快速發展的公司都有一個特點,就是採用了指數型成長方式。

為什麼指數型成長會比線性成長快那麼多?因為指數型成長遵循冪次法則(Power Law)和摩爾定律(Moore's Law),借助網路的發展達到倍速成長。採用指數型成長方式的公司懂得運用資訊技術快速疊代,大幅度降低了邊際成本,進而獲得競爭優勢。

在網路領域,指數型成長不只是一個選項,而是一個必選的選項。這個原則不但對公司適用,對個體同樣適用。從近年興起並成長的網路

公司和個體能夠看出，最後能存活下來並長期發展的公司和個體都遵循指數型成長的規律。網路本身就遵循冪次法則和摩爾定律，線性成長在網路領域等於沒有成長性。

個人能否實現指數型成長呢？當然能，而且大有機會。近年隨著新媒體平台的發展，誕生了一大波「流量」。他們都是在短時間內擁有了大量的粉絲和流量。他們為什麼能實現指數型成長呢？

1. 後進者優勢

生活中常見「後進者優勢」（Second-Mover Advantage）效應。這個效應在宏觀上能夠解釋國家的經濟發展和新興經濟體的崛起，在微觀上能夠解釋決策和機遇問題。後來者的機會成本低、試錯成本低、負擔小，反而在某些方面擁有一定的優勢。

當人在商場排隊結帳時，突然新開了一個收銀櫃檯，這時排在隊伍前面、中間和後面的人，誰更容易先到達這個新開的收銀櫃檯完成結帳呢？

答案是排在後面的人更容易。因為排在前面的人會覺得馬上就要輪到自己，因此不會轉換；排在中間的人比較靠近前面，容易猶豫不決。只有排在後面的人，認為在原來的隊伍反正已經是尾端，看不到機會，不如換個隊伍，說不定能為排到最前面。

抖音 App 剛興起時，第一批內容創作者都是剛畢業不久的年輕人，這些人的機會成本比較低，願意在新平台嘗試。那時候短影音還沒成為能獲得大流量的內容形式，很多人都沒有使用抖音 App 的習慣。後來，隨著抖音 App 的指數型成長，這些年輕人有很多成為具有高流量的大咖。

因此，不要擔心自己是後來者，機會總是存在的。要好好利用後進者優勢，做那些頂尖大咖不願做、不想做、不能做，卻順應市場的事。

關於什麼是後進者優勢、如何好好運用後進者優勢，我有個超市結帳

的親身經驗正好是個不錯的例子。有一次我在超市結帳時排在結帳隊伍的最後面，發現另一個收銀櫃檯站著收銀員卻沒人結帳，我推車過去才發現櫃檯有個牌子寫著「暫停結帳」，於是我準備回到原來的結帳隊伍，這時候一位媽媽帶著五、六歲的孩子遠遠快步跑來，和我同時到了結帳隊伍最後面的位置。

我說：「其實我剛才在這裡排隊，只是去旁邊的收銀櫃檯看了一眼。我買的東西多，如果你們需要就排我前面吧！」

這位媽媽欣然接受。不一會兒，剛才沒開的收銀櫃檯開了，我因為排在隊伍最後面，第一時間就走過去，而那位媽媽眼見本來的這一列快輪到她了，於是便沒動作。排在她前面的是位老太太，買了一盒雞蛋，結完帳的老太太把雞蛋放在收銀櫃檯旁邊整理零錢。

也許是見我已經結完帳往外走了，這位媽媽結帳時有些著急，不小心把老太太的雞蛋撞到地上，雙方起了爭執。孩子在旁邊一邊收拾東西一邊把推車往外推，這位媽媽沒看到，一抬手想去推推車，又把手機碰到了地上，還摔碎了螢幕。

在這個超市結帳的例子中，我就像第一波吃到新賽道開放紅利的人，具有後進者優勢。那位老太太就像舊賽道上的先行競爭者，具有先行者優勢。而那位媽媽就像錯過新賽道的機遇，又忽略舊賽道的競爭，自己亂了陣腳的人。

有機會時不要猶豫，要趕快抓住後進者優勢的機會。如果沒有機會，不如安安穩穩、老老實實地在自己現有的賽道上成長。

2. 借勢成長

隨著網路平台的發展，內容創作者在網路生態中的地位愈來愈高。平台本身不能吸引用戶，好的平台是依靠好的內容吸引用戶，因此每個

平台都會大力推動平台上內容的發展。

　　大平台背後都有資本的支持，平台的飛速發展是資本投入相互競爭的結果。大量資本支持的平台成長通常是呈指數型。資本不只要支持平台自身的推廣和營運，也需要扶持平台優質內容的創作者，這正是個體崛起的機會。

　　網路平台內容的發展歷經專業生產內容（Professional Generated Content, PGC；例如網路電影、網路電視劇、得到 App 等）到用戶生產內容（User Generated Content, UGC；例如微博、微信公眾號等），再到如今的專業用戶生產內容（Professional User Generated Content, PUGC；PGC ＋ UGC 模式）幾個階段。

　　因此個體要研究平台、選擇平台、利用平台，只要能持續產出優質、有價值的內容，就能借助平台的發展實現自我的指數型成長。

3. 內容為王

　　借勢成長和後進者優勢只是個體實現指數型成長的外在因素，內在因素是個體要有能力持續創造市場需要、有價值的內容。

　　網路媒體有一段時間流行「標題為王」，然而當大家對「標題黨」深惡痛絕、返璞歸真之後，網路媒體發現真正能滿足精神生活需求的依然是內容，而且永遠都會是內容，因此「內容為王」是所有媒體永恆的主題。

　　優質內容的產生雖然與技術有一定的關係，但核心必定與內容創作者的累積息息相關。很多人認為優秀的短片靠的是鏡頭、剪輯、特效、顏值、演技等要素，但如今大家發現，沒有好的導演策劃和劇本，這一切都是「空中樓閣」。

　　靠著擅長一項技能「一招鮮，吃遍天」可以實現「小富」，但不能達到指數型成長。內容為王的本質是不斷輸入、不斷累積、不斷創新，

要學得比別人多、想得比別人多、做得比別人多，才有可能獲得比別人快 N 倍的成長速度。

如何達到指數型成長

指數型成長的關鍵字是「爆發」，祕密就在這裡。爆發意味著單點突破，可以是產品的單點突破，也可以是流量的單點突破。這裡的單點通常可以歸結為四個面向——多、快、好、省。多既是數量，也是空間；快既是速度，也是時間；好既是品質，也是優勢；省既是成本，也是資源。

以我為例，我剛進入人力資源管理領域時不具備太多的優勢。因為人力資源管理是企業的「剛性需求」，人力資源管理市場早已形成一個成熟的市場生態，其中包含大量已經成名的專家，他們有名人背書、名校背書、知名企業背書，我如何與他們競爭呢？

1. 後進者優勢

我先盤點了自己的優勢。與其他人資專家相比，我的優勢如下。

（1）願意放下身段講基礎，更容易抓住大量新手的心。很多專家更願意講更高更深的內容，以顯示自己的思想高度。

（2）內容更務實，更針對具體狀況，解決實際問題。很多專家因為講述主題過大，已經脫離實務操作，造成曲高和寡的局面。

（3）更懂網路，懂得如何借助網路輸出和傳播內容。很多專家的勢能靠的是多年的線下經營和累積。網路縮小了資訊差，方便用戶比較。

2. 借勢成長

從 2016 年開始，很多人力資源管理領域的線上學習平台如雨後春筍

般出現。這些平台或多或少都有一定的資源，但普遍缺少優質的內容。大多數專家因為機會成本高，不願嘗試在這些線上平台輸出內容，而我當時剛進入人力資源管理領域，願意嘗試。

為了增加曝光率，我做了大量免費的文字和影片內容。賈伯斯經常說自己是抱著「Nothing to Lose」的心態在做事。如果看準了一件事，做了之後就算失敗也不會失去太多，那為什麼不嘗試呢？

隨著平台的崛起，我在人力資源管理領域的知名度愈來愈高，迅速在這個領域占據一席之地。

3. 內容為王

我能夠成長興起，與我輸出的內容數量和品質直接相關。

（1）數量

在人力資源管理領域，出書是專家的「標配」。如果專家出版一本書，我也出版一本書，那我和專家相比有什麼競爭優勢呢？

因此我的做法是這樣：專家出版一本書，那我就出版十本書、二十本書、三十本書；專家的書銷售一萬冊，那我就想辦法銷售十萬冊、五十萬冊、百萬冊；專家一本書寫 10 個知識點，我一本書的目錄就有接近 300 條內容，全書超過 500 個實務操作知識點；專家賣書就只是賣書，我的書還免費贈送兩千多份人力資源資料範本、三百多堂人力資源實務操作微型課程、兩百多個精美商務 PowerPoint 範例；專家終於發現線上課程的重要，進場做了一套線上課程，那我就做十套線上課程；專家和一個平台合作，那我就和十個平台合作……

我在數量上的輾壓式優勢是實現指數型成長的基礎。

（2）品質

內容為王的關鍵是內容品質。專家不屑於寫人力資源管理的實務操

作環節，那我寫。我的內容有以下特點：

① 接地氣：內容貼近實戰工作，滿足實務需求，用戶只要照著做就可以了。

② 易上手：人都有偷懶心理，於是我提供了大量表格、範本、工具，讓用戶能隨拿即用，一學就會。

③ 內容全：把所有人力資源管理實戰層面所關注，並會用到的事情、細節都找出來進行解析，並將這些變成自己的內容。

④ 說故事：針對每一個實戰知識點都給出真實的案例，有應用場景和注意事項，讓用戶能感同身受，更有共鳴。

指數型成長不只能讓個體持續增值，而且能夠大幅度增加個體的變現能力。在網路商業世界中，個體透過後進者優勢、平台借勢和內容為王這三大關鍵點，可以在短時間內實現「瘋傳」，達成指數型成長。

03 跳躍式成長的方法

▼▽為什麼很多人一開始有很好的成長，但成長一段時間後就出現了成長瓶頸和發展疲軟等情況，開始走下坡？因為很多人一直在重複使用同一套成功經驗。從短期來看，這麼做是有效的，但從長期來看，這樣做很難獲得持續的發展。如何解決這個問題呢？答案是尋求突破，實現跳躍式成長。◿◢◤

成長遇到瓶頸，怎麼辦

跳躍式成長的邏輯可以追溯到經濟學。經濟學中有一個著名的不連續性曲線，也叫 S 型曲線，如圖 5-4 所示。這條曲線有什麼含義呢？

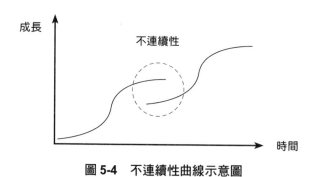

圖 5-4　不連續性曲線示意圖

以 IBM 的公司發展為案例更容易說明清楚。

IBM 是一家神奇的公司，它的發展歷經了數次起落。IBM 已經由創

業初期主要為經營硬體的業務，到如今發展為以 AI、雲端運算、區塊鏈、物聯網等技術為主要營運業務。IBM 這種業務的轉變，歷經了多次不連續性 S 型曲線的成長，如鳳凰涅槃，每次都能獲得重生。

1984 年，IBM 的稅後淨利是 65.8 億美元（約 1,960 億台幣），創造當時美國公司的最高獲利紀錄。同年，IBM 個人電腦的營業額也達到 40 億美元（約 1,190 億台幣），1985 年在個人電腦市占率達 80％，但當時 IBM 的主要營收還是來自大型電腦，而非個人電腦。

1986 年，IBM 新任執行長由原來負責大型電腦業務的負責人艾克斯（John Fellows Akers）擔任。由於之前的成功經驗，讓艾克斯認為大型電腦業務會持續成長。但其實自 1985 年開始，IBM 便開始衰落，即便如此，之後多年艾克斯依然採取保守風格，1991 年，IBM 虧損 28.6 億美元（約 854 億台幣）；1992 年，IBM 巨額虧損 49.7 億美元（約 1,484 億台幣）。1993 年，艾克斯引咎辭職，由郭士納（Louis V. Gerstner）接任 IBM 執行長。這個階段，IBM 的發展曲線如圖 5-5 所示。

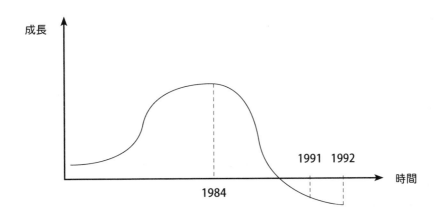

圖 5-5　1984 － 1992 年 IBM 的發展曲線

在差不多的時間點，英特爾也發生類似的情況，卻有不一樣的結果。在 1983 年以前，英特爾的主要業務是記憶體。但從 1983 年開始，記憶體市場受日本廠商的嚴重衝擊，當時如果英特爾死守記憶體市場，下場也許和 IBM 一樣。

當時英特爾的執行長摩爾（Gordon Moore）和葛洛夫（Andrew Grove）有一段堪稱經典的對話。

葛洛夫問摩爾：「如果我們被掃地出門，董事會會找一位新的執行長。這位新的執行長上任，他會做什麼呢？」

摩爾回答說：「他會放棄記憶體市場，因為我們在這個市場已經沒希望了。」

葛洛夫再問：「既然如此，與其讓別人這麼做，為什麼我們不自己來做這件事呢？」

後來英特爾果斷放棄記憶體業務，開闢新的業務，在經歷短暫的調整期之後，業績蒸蒸日上。這個階段，英特爾的發展曲線如圖 5-6 所示。

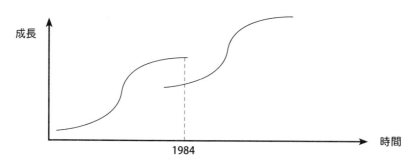

圖 5-6　1984 年前後英特爾的發展曲線

每個不斷發展壯大的企業幾乎都經歷過 S 型曲線。這類企業的發展從產品疊代到業務規模擴展，都和 S 型曲線緊密相關。例如，蘋果的產品變化如圖 5-7 所示。

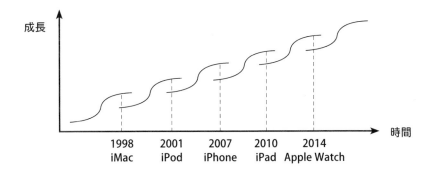

圖 5-7　蘋果的產品發展曲線

　　蘋果在 1998 年推出 iMac，重新定義了個人電腦；2001 年推出 iPod，重新定義了隨身聽；2007 年推出 iPhone，開啟了智慧手機時代；2010 年推出 iPad，引發了平板電腦的爆發性成長；2014 年推出了 Apple Watch，開啟了智慧穿戴領域的篇章。

　　此外，在中國的阿里巴巴業務發展曲線如圖 5-8 所示。

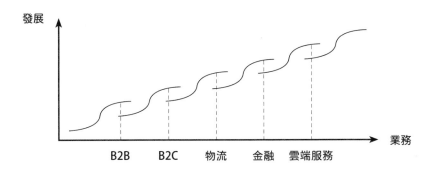

圖 5-8　阿里巴巴的業務發展曲線

1. B2B：起源

　　1999 年 9 月，馬雲帶領十八位創始人在杭州的公寓正式成立了阿里巴巴網絡技術有限公司（簡稱「阿里巴巴」）。阿里巴巴創業初期主要

做 B2B，網站的用戶主要是中國中小企業的業務員和老闆。

2. B2C 和 C2C：發展

2003 年 5 月，購物網站淘寶網在馬雲的公寓創立，開啟了線上 B2C（business-to-consumer；企業對消費者）和 C2C（consumer-to-consumer；消費者對消費者）模式。2011 年 6 月 16 日，阿里巴巴宣布將淘寶網分拆為三家公司：淘寶網、一淘網、淘寶商城。2012 年 1 月 11 日，淘寶商城正式更名為「天貓」。

3. 物流：布局

2013 年，阿里巴巴帶頭，以順豐速運、申通快遞、圓通快遞、中通快遞、韵達快遞為成員，成立菜鳥網絡科技有限公司（以下簡稱「菜鳥」）。菜鳥是一家網路科技公司，專注於搭建四通八達的物流網路，打通物流「主要網路」和「細部網路」，提供智慧供應鏈服務。

4. 金融：崛起

2004 年 12 月，阿里巴巴旗下的第三方支付平台支付寶推出，讓買賣雙方更容易在淘寶網交收貨款，大大提高平台的方便程度。2014 年 10 月，浙江阿里巴巴電子商務有限公司正式更名為「浙江螞蟻小微金融服務集團有限公司」。

5. 雲端服務：驅動

2009 年，阿里雲創立。阿里雲目前已經是全球領先的雲端運算及 AI 人工智慧科技公司，服務對象包括：製造、金融、政務、交通、醫療、電信、能源等眾多領域的龍頭企業，為二百多個國家和地區的企業、開發者與政府機構提供服務。

事實上，不只是企業的發展，地區經濟的崛起也遵循這種不連續發展的規律。例如，中國經濟重點產業發展曲線如圖 5-9 所示。

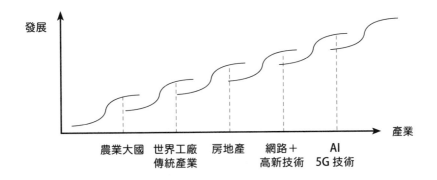

圖 5-9 中國經濟重點產業發展曲線

　　中國由一開始的農業大國，到改革開放之後成為世界工廠，傳統產業得以發展。2000 年後，中國的房地產市場迎來爆發性成長，支撐中國經濟進一步發展。2010 年後，網路＋高新技術崛起，逐步成為中國經濟發展的重要動力。如今，中國的 AI 與 5G 技術發展領先全球，這必然將引領中國經濟進一步發展。

　　跳躍式成長是一切個體或組織發展壯大的祕密。這個世界永恆不變的其實是變化，如果長期不求變化地做同一件事，不尋求新的成長點，成長性會愈來愈低，之後不只是成長停滯，甚至會有倒退的狀況。大多數人的成長路徑如圖 5-10 所示。

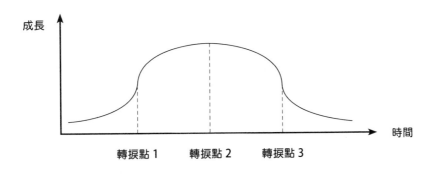

圖 5-10 大多數人的成長路徑

許多人一開始可能成長得比較快，但很快會遇上第一個轉捩點。過了第一個轉捩點之後，成長速度會下降，逐步趨緩達到高峰，此時如果安於現狀、故步自封，很快會遇上第二個轉捩點。此時在第二個轉捩點後會出現衰退，初期的衰退速度比較緩慢，逐漸到達第三個轉捩點，自此之後衰退速度會逐步加快。許多職場人的成長曲線就是如此。剛畢業時很有衝勁，薪水和職位成長的速度較快；三十五歲後，認知和能力大致定型，薪水和職位的成長趨緩；四十五歲後，薪水和職位達到高峰。之後因為有更多年輕、有活力的新人加入，逐步被「後浪」取代，職涯發展開始走下坡；五十歲後，對成長失去希望，抱著「做一天和尚撞一天鐘」的心態熬到退休。

papi 醬的跳躍式成長

S 型曲線不只適用於解釋經濟現象和企業發展，也適用於指導個人成長。無論是個人還是企業，想要長時間持續成長，必須跟隨市場的發展。跳躍式成長的關鍵是敢於突破，敢於邁出目前的舒適圈，讓自己獲得不連續性成長。

papi 醬一開始的發展就是指數型成長，但她沒有安於現狀，成名之後一直在尋找新的機會。papi 醬近年熱度持續不減，生孩子休產假期間依然能持續創造社會熱點，正是因為她已經從最初的指數型成長轉變為跳躍式成長。

「網紅」papi 醬（本名姜逸磊），1987 年出生於上海市，畢業於中央戲劇學院導演系，做過網路主持人、導演、編導、配音，當過短片的女主角。papi 醬於 2015 年開始在網路上發布自己的短片，由於內容的獨

特性，使她迅速在網路「爆紅」。

papi醬的影片為何能「爆紅」？主要是因為影片具備以下特點。

1. 多。papi醬在影片中一人分飾多角，一支影片中包含多個場景，影片的資訊量較大，影片的更新比較規律。

2. 快。papi醬的影片都是直奔主題，語速快、鏡頭切換快、轉場快，這讓觀眾在看papi醬的影片時精神必須高度集中才能跟上影片的節奏。

3. 好。papi醬的影片內容貼近生活，說中觀眾的心聲。影片主題主要包括家庭、職場、校園和兩性等大眾話題，容易讓觀眾感同身受。

混剪影片的快速轉場和高密度的訊息能讓人帶來快感，這個原理如今已經被抖音App、快手App、微信影片號等運用。這套邏輯如今已經成為短影音製作的「標準配備」。但在2015年，papi醬是網路上少有運用這套邏輯製作影片的人。

2016年初，被媒體評為「2016年第一網紅」的papi醬獲得真格基金、羅輯思維、光源資本和星圖資本的聯合投資，總投資額達到人民幣1,200萬元。papi醬的一支隨片廣告拍賣得標價格到達人民幣2,200萬元。

隨後，papi醬宣布將這次競拍的廣告收益全部捐給母校中央戲劇學院，捐款的主要用作三個用途。

1. 成立「初心獎學金」，用於資助專業課成績優異的學生。

2. 冠名中央戲劇學院東城校區的黑匣子劇場為「勿忘劇場」，資金用於新校區的教學科研輔助設施建設。

3. 支持在校生藝術創作，每年捐助一定數量的學生專案，為期十年。

但隨之而來的是，各方的質疑、粉絲成長瓶頸和流量難以突破等問題。市場一度「分裂」，喜歡papi醬的觀眾很喜歡，不喜歡的觀眾無論如何也不喜歡。2020年初，因生產而中斷更新的papi醬再次被很多人指

出開始走下坡。面對這些情況，papi 醬做了什麼呢？

papi 醬在遭遇流量瓶頸後就開始尋求轉型，轉型路徑如圖 5-11 所示。

成為「網紅」之後，papi 醬首先考慮的是如何多次複製自己的經驗，培育出多個「網紅」，讓自己從一個單純的內容工作者，轉型為內容矩陣管理者，從原本自己是「網紅」，轉型為孵化「網紅」。

未來 papi 醬還會向哪些領域轉型呢？也許是電商直播，也許是明星經紀，也許是影視製作，讓我們拭目以待。

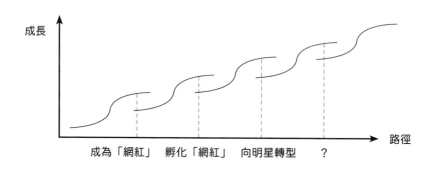

圖 5-11　papi 醬的轉型之路

如何達到跳躍式成長

達成跳躍式成長的關鍵是如何在安逸中打破現狀，讓自己上一步台階，實現跨越。這件事就像減重，說起來容易，做起來難。誰都知道減重只要「少吃多動」就會有成效，但真正能做到的人卻沒幾個。

要達到跳躍式成長，需要遵循以下三個步驟：

1. 識別目前危機

跳躍式成長的第一步是識別目前危機。這一步不應該在發展停滯、

業務受阻、出現問題時才想起來，而應該在業務朝氣蓬勃、蒸蒸日上、如日中天時就開始進行。在問題顯現時再做通常已經比較被動，局面難以改變。無論何時，尤其是在自己正處於向上發展的時候，都要有較強的危機意識。

在發展好的時候，要問自己以下幾個問題。

（1）目前的商業模式或業務型態是否具備可持續性？

（2）目前的產品或服務的新用戶開發空間還有多少？

（3）目前的成長速度在何種情況將會趨緩？

（4）目前的營利能力遇到何種狀況會下滑？

許多中國的自媒體有了流量和粉絲後，做了幾套線上課程，透過知識付費變現，剛開始也許會得到可觀的收益，但運作一段時間後會發現線上課程的銷售成長乏力，紅利期已過，開發市場空間縮小，又不知道如何深掘既有市場。這正是許多透過知識變現的自媒體現況，無論當下的情況有多好，都要思考目前的生意能持續多久。

2. 找到新的機會

在識別危機之後，就要尋找新的機會。新的機會代表新的成長點和新的可能性。在找機會時，首先不是想「我能做什麼」，而要想「我該做什麼」。能做什麼對應著個人能力，該做什麼對應著趨勢判斷，先考慮順勢而為，再考慮順己而為。

新的機會不代表新的賽道，新的機會可以是原本賽道上的新產品；新的機會不代表要完全拋棄舊領域，新的機會可以和舊領域相互呼應，為舊領域賦能；新的機會不代表人云亦云，可以嘗試走一條少有人走的路。

3. 堅決採取行動

識別危機並找到新的機會之後，接下來就要堅決採取行動。有效地

採取行動可以從以下三個角度入手：

（1）心理建設。生於憂患，死於安樂，世界上唯一不變的就是變化。不要抱著僥倖心理，不要安於現狀，不要在舒適圈中遲遲不肯邁出第一步。為自己做好心理建設，讓自己接受變化，首先要願意開始行動。

（2）騎驢養馬。目前的事就像騎著一頭驢，跑得不快，但至少仍在前進。新的機會就像一匹剛出生的小馬，在這匹小馬長大之前，誰也不敢說牠會成為怎樣的馬，牠可能成長為一匹汗血寶馬，也可能成長為一匹普通的馬，還可能成長為連驢都跑不過的馬。因此現在騎的驢要持續維護，將來騎的馬也要同時養好。

（3）小步慢跑。如果無法馬上全面轉變，就在做好目前事情的同時，逐漸讓自己轉型。短時間內大變化可能會「傷筋動骨」，但看準趨勢之後循序漸進更容易達到轉變。

我之前的成長就是跳躍式成長：首先是在人力資源管理領域內達成產品發展的跨越，而後開始進入領域的跨越。我的產品發展如圖 5-12 所示。

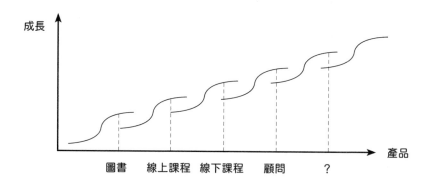

圖 5-12　我的產品發展

從一開始的圖書到線上課程，再到線下課程和顧問，我的產品逐漸實現多元化，立足於從不同角度解決問題，未來還會有更多相關產品來承接發展。跳躍式成長不只發生在不同的產品，也可以發生在相同的產品。例如，我的圖書發展如圖 5-13 所示。

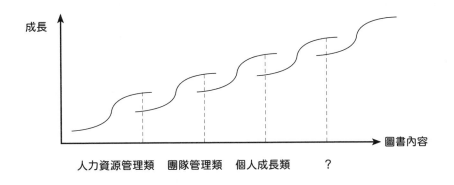

圖 5-13　我的圖書發展

　　我的圖書類別是從我的老本行人力資源管理類開始，主要的讀者群是人力資源管理工作者。在這個領域做深做細，幾乎涵蓋全類別之後，我開始推出團隊管理類圖書，主要的讀者群是企業的各級管理者。後來我發現自己的成長經歷和感悟可以幫助更多人，於是我開始經營個人成長類圖書，就像這本書。未來我可以視情況拓展更多領域。

　　相反地，很多人力資源管理專家講師，一套課程內容用十年，安於現狀、怠於創新，不懂得與時俱進，最後只會淹沒在時代發展的洪流中。

04 運用槓桿事半功倍

▼▽一個人有可能憑一己之力搬起和十個人一樣重的東西嗎？有可能，利用槓桿就能實現。一個人有可能憑一己之力達成需要一個團隊才能達成的目標嗎？有可能，同樣是利用槓桿。

希臘數學家阿基米德（Archimedes）說：「給我一個支點，我可以舉起整個地球。」槓桿雖然是個物理學概念，但也經常運用在商業世界中。懂得運用槓桿，個體就可以用較小的能量損耗達成較大的目標，就能夠撬動原本無法運用的資源。有效利用槓桿，個體能夠效率倍增，「邊界」也會愈來愈廣。◁▲

沒有資源，怎麼辦

網路上有這樣一個故事。

有一個人找到世界首富，說：「您的女兒還沒結婚吧？我介紹一位年輕人給她認識。」世界首富想推托，說：「我女兒還沒準備嫁人呢！」

這個人說：「這個年輕人是世界銀行的副總裁喔！」世界首富說：「這樣啊，那把他叫來吧！」

這個人再去找世界銀行總裁，說：「我向您推薦一位年輕人，

很適合做副總裁。」

　　世界銀行總裁想推托，說：「我們的副總裁已經夠多了，不再需要副總裁了。」

　　這個人說：「這位年輕人是世界首富未來的女婿喔！」世界銀行總裁說：「這樣啊，那把他叫來吧！」

　　結果這位原本什麼都不是的年輕人既得到了世界銀行副總裁的職位，又成了世界首富的女婿。

　　現實世界當然不會有這樣的事情發生，但這個故事並非一無是處。我就是從這個故事知道應該如何應用槓桿。

　　讀者買書希望購買具有高知名度與流量較大的作者出版的書籍；人力資源領域平台會將宣傳資源放在高知名度和流量較大的講師；線下課程的培訓單位希望邀請高知名度和流量較大的講師；企業要找管理顧問時也希望找高知名度和流量較大的管理顧問。

　　但是我在剛起步時沒有知名度和流量，怎麼辦呢？我只能拿著槓桿找支點，一個點一個點地撬。在我經營自媒體剛有起色時，我就用「自媒體」撬動「圖書」；在我的圖書銷量有起色後，我就用「自媒體＋圖書」撬動「線上課程平台」；當線上課程的銷量有起色後，我用「自媒體＋圖書＋線上課程」撬動「線下課程單位」；當線下課程有起色後，我用「自媒體＋圖書＋線上課程＋線下課程」撬動「企業管理顧問合作」。

　　在運用槓桿時，找到第一個支點非常重要。在找到第一個支點，撬動第一個資源後，就可以把這個資源納入自己的資源庫中，然後去尋找第二個支點、第三個支點、第四個支點，進而運轉更多的資源。

　　生活中，槓桿這個概念在金融資本領域出現的次數較多。例如有一

種可以利用 10% 的保證金進行十倍額度交易的規則，這種規則就是金融槓桿的一種。這類金融槓桿在擁有高收益可能性的同時伴隨著高風險。也就是說，可能撬起地球，也可能被地球撬上天。

只要有負債，公司就會有財務槓桿。投資者會根據上市公司的財務槓桿程度來判斷該公司的財務風險和股票價值，也因此有人會認為「槓桿愈大，風險愈大」。其實，槓桿的含義就是以較少的資源去實現較大的目標，槓桿本身與風險無關，巧用槓桿反而會降低風險。

曾經有人利用競爭槓桿，「空手」主辦奧運。

按照常理，舉辦奧運會為主辦國帶來經濟利益。然而，有許多屆奧運都曾使主辦國出現巨額虧損。1972 年西德慕尼黑奧運耗費 10 億美元，虧損 6 億美元；1976 年加拿大蒙特婁奧運耗費 58 億美元，虧損 24 億美元，市政府幾近破產，其中 10 億美元的債務花費蒙特婁納稅人三十年才終於清償；1980 年的蘇聯莫斯科奧運更是耗費 90 億美元而毫無盈餘。

1980 年之前，連續三屆奧運都有巨額虧損，沒有國家或城市願意接這門「賠錢生意」，因此 1984 年第二十三屆奧運只有美國洛杉磯一個城市申請。但是這一次，美國政府和洛杉磯不但沒有虧損一分錢，反而賺了 2.5 億美元，直接帶動地方服務業的收入高達 35 億美元。這個成績要歸功於該屆奧運會籌委會主席彼得·尤伯羅斯（Peter Ueberroth）。

他是如何做到的呢？

尤伯羅斯在該屆奧運，規定每個產業只選定一家贊助商，而且贊助商的總數量要控制在三十家以內，並藉此抬高企業贊助競標價格，當時設定的贊助金額為至少 400 萬美元。

可口可樂為了打敗百事可樂，豪擲 1,260 萬美元贊助費，富士底片為了挑戰柯達的產業老大地位，也開出 700 萬美元的競標價格。在汽車產

業，通用汽車與豐田汽車，彼此竭盡全力角逐「唯一」贊助權……該屆洛杉磯奧運總共籌得 3.85 億美元贊助費，金額是過去傳統做法的數百倍。

此外，尤伯羅斯規定有意參加競標的電視公司需要先繳納 75 萬美元的保證金，美國三大電視網為了獲得轉播權，都乖乖將保證金奉上。最後，美國廣播公司（ABC）以 2.25 億美元的價格得標。

之後，尤伯羅斯以同樣的方法銷售海外實況轉播權。尤伯羅斯以 7 萬美元把奧運的轉播權賣出，利用出售國際電視轉播權的方式共籌款 7,000 萬美元。

過去的聖火傳遞都是由社會名人和傑出運動員參加，這也是為了吸引更多人參與奧運。尤伯羅斯認為其他人一定也渴望得到這個機會。於是，該屆洛杉磯奧委會舉辦了史上第一次的「聖火路跑」（Torch Relay）：一般人繳納 3,000 美元，都可獲得舉著奧運聖火跑一公里的資格。為了獲得這個資格，大家搶著去排隊。在這個項目，全程一萬五千公里的路程，尤伯羅斯又籌集了 4,500 萬美元。

尤伯羅斯這一連串的舉措結束了奧運賠錢的歷史。從此以後，各主辦國紛紛仿效他的做法，1988 年的漢城奧運獲得 3 億美元的盈餘；1992 年的巴塞隆納奧運獲得 4,000 萬美元盈餘，創造了 260 億的經濟效益；1996 年的亞特蘭大奧運獲得 1,000 萬美元盈餘，創造了 51 億美元的經濟效益……尤伯羅斯開創了奧運的商業化營運模式，被稱為「奧運商業之父」。

大到舉辦奧運，小到做生意，利用現有資源巧妙運用槓桿，都非常有效。有個開小吃連鎖店的朋友和我說過他的創業故事，正好就是巧用槓桿的典範。

他的家庭條件一般，開小吃店一開始只是他一個不成熟的想法，他之前從沒做過小吃行業，也僅有之前家裡養豬存下的十萬元積蓄。他原

來的經營模式是買豆子做豆類澱粉，把澱粉供應給城裡的小吃店，這些小吃店用他供應的澱粉做小吃，他則用粉渣餵豬。

那他是怎麼開始做小吃店的呢？

他在向他購買澱粉的客戶裡選了一家購買量最大的小吃店，找到這家店老闆說：「我想開家跟你一樣的店，但沒經驗，想拜你為師。你看這樣行不行，我免費給你打工三個月，但你要對我毫無保留，讓我能自己開家小吃店。當然，我一定會開在別的地方，絕不跟你競爭。作為回報，我第一年賺到的錢其中一半歸你，以後每年付給你一萬元顧問費。」

小吃店老闆想：「我這家店生意這麼好，反正也沒精力開分店，這種方式對我而言沒有損失，還能增加收益，助人又利己，何樂而不為？」

後來這個朋友的小吃店非常成功，陸續開了許多分店，成了當地有名的小吃品牌。

利用自己供應澱粉的人際關係資源找到小吃店的老闆，是「人際關係槓桿」；以小吃店老闆的知識資源達成自己開店的目標，是「知識槓桿」；以自己小吃店未來的預期收益作為對老闆提供知識經驗的獎勵手法，是「財務槓桿」。這位朋友利用各種槓桿，降低了自己沒有開店經驗的風險，提高了自己創業的成功率。

如何撬動個人成長

槓桿能夠撬動資源，還能幫助個體達到倍速成長。有些人覺得學習很痛苦，看書看一下就不想看了，或者聽課聽到比較難理解的內容，就不想聽了。但是，感覺到痛苦反而是自己正在學習和成長的表現。心理學研究認為，人類對於外部世界的認識可分為三個區域，如圖 5-14。

圖 5-14　人類心理三個區域

　　人的心理最內層是舒適區（Comfort Zone），向外擴展的第一層是成長區（Growth Zone），再向外擴展的第二層是恐慌區（Panic Zone）。人都喜歡待在自己的舒適圈中，因為這個區域會讓人感覺很舒服，一旦離開了這個區域就會感到不舒服。

　　然而所有的學習都必須在成長區內完成，這就注定了學習的結果雖然是好的，但過程通常伴隨痛苦。如果把自己「推得過猛」，會把自己推入恐慌區。在恐慌區時，負面情緒過盛，人會把所有精力用於應對自己的焦慮和恐懼，沒有多餘的精力去學習。

　　運用槓桿，能夠減輕痛苦感，幫助快速成長。

　　當想要達成某個目標，一般人想到的是如何透過自身努力、自我控制來達成這個目標，這是典型的「向內求」思維。但有些人除了想怎麼向內求，還會思考：能不能借助外力達成目標？能不能使用槓桿？這就是「向外求」思維。

　　內在能量再強大，與整個外在世界的資源相比，也是顯得渺小。因

此，要做成一件事，光靠自己的努力往往並不足夠，這時候不如運用槓桿，借助外力，達成自己的目標。那麼如何運用槓桿達成自己的目標呢？

例如，趙六想要學習成長，但發現總是管不住自己，於是他設定了一個年度目標：一年讀 40 本關於自我管理的書籍。雖然圖書是外部事物，但這個思維的本質還是典型的「向內求」思維。

而且這其中暗藏著一個邏輯漏洞，趙六的邏輯是，因為我的自我管理能力不好，因此想透過一年讀 40 本書來補強自我管理能力。但是讀書本身就是一件「很辛苦」的事，一個自我管理能力不好的人，能管住自己在一年內讀 40 本書嗎？顯然這個目標最終實現的可能性很小。

有沒有其他辦法呢？

有！他可以把年度目標改為參加讀書會，並在讀書會上分享40本書。這就把純粹的「向內求」轉化成「向外求」。參加讀書會，透過社群對自己產生期待和監督，分享的過程會有溝通和交流。透過「輸出」回頭敦促「輸入」，目標不只更容易實現，而且效果會更好。

還有什麼辦法嗎？

有！他可以把年度目標改為，找到自我管理的專家，拜他為師、向他學習。所謂專家，必定花費了自己大量的時間在這件事情上，他很可能看過大量的書籍資料，走過許多彎路，提煉了諸多核心觀點，幫助許多有類似問題的人。

總之，直接向專家取經，提出具體問題，可以更針對性地探討問題，更有條理性地分析問題，更加全面地解決問題，這是更進一步地運用槓桿。

還有沒有更好的方法呢？

有！他還可以把年度目標改為，成為自我管理的專家。這個目標顯然難一些，但達成後能使自我價值倍增。要實現這個目標，他可能需要

做如下努力：「持續學習並透過讀書會分享 N 本書」、「持續找到自我管理專家拜師請教」、「持續加入不同群體和尋找資源繼續學習」、「持續提煉總結並管理核心知識」、「持續嘗試幫助自我管理有問題的人」等。

因為自己本來就在自我管理的部分有缺陷，因此更容易弄清楚問題的起源並抓住痛點。因為有切身的嘗試和感受，因此更容易知道哪些理論是「真雞湯」，哪些是「假雞湯」；哪些是「解藥」，哪些是「毒藥」。這個層面是更有智慧的借力，運用了雙重槓桿，是「借自己之力」和「借外界之力」，既撬動了內部能量，又撬動了外部能量。

如何撬動時間資源

時間是什麼？這不是一個物理學問題。有人說時間是資源，而且是一種稀缺資源，我十分同意這種說法。

什麼是資源？不屬於本體，可以被利用，狹義上，具備愈用愈少的特質，通常被稱為資源，例如礦產資源、石油資源、天然氣資源。

如此看來，時間確實可以被視為一種資源。不過時間並不是一種公平的資源，或者說，時間並不是對每個人而言都相同的資源。壽命長的人比壽命短的人擁有更多的時間資源。日均可支配時間長的人比日均可支配時間短的人擁有更多的時間資源。透過金錢交換，有些人不只可以利用自己的時間資源，還可以利用別人的時間資源。

既然時間是一種資源，槓桿又能撬動資源，那麼槓桿是不是也可以用來撬動時間資源呢？當然可以。但事實上，在現今資訊爆炸的年代，我們的時間資源每天都在被他人奪取，例如新聞推播、消息通知、促銷

活動等。人要守住自己的時間資源都很難，因此很少有人懂得如何撬動他人的時間資源。

1. 建構槓桿，撬動更多的時間資源

撬動的時間資源愈多，影響力愈大。不只對個體而言是如此，對所有產業、所有企業、所有產品而言都是如此，不然為什麼很多網路產品都在追求用戶數量、線上使用時數等流量數據，這些數據的本質就是撬動用戶時間資源的結果。

個體要崛起、要達成自己的目標，也需要撬動更多外部的時間資源。外部的時間資源可以分為用戶的時間資源和助己者的時間資源。所謂助己者的時間資源，指的是所有能夠幫助自己達成目標的人的時間資源。

助己者的時間資源和全職或兼職員工的時間資源不同。全職或兼職員工的時間資源是用金錢交換而來，並非用槓桿所撬動。助己者的時間資源是可以透過較小能量或未來的預期撬動。這樣說也許有些抽象，下面以我個人經驗為例說明。

我為什麼要和十多個人力資源領域的線上課程平台保持合作關係呢？因為這些平台所有的工作人員都會為我課程的包裝、宣傳、銷售投入他們的時間資源。這些時間資源不是我直接用金錢交換而來，而是平台認同我線上課程未來的預期而要求工作人員投入資源。我沒有投入資源，只是撬動這些工作人員的時間資源。同理，我為什麼要和十多個線下課程培訓單位合作？因為這些單位的工作人員會為我進行線下課程的包裝、宣傳、銷售。

當產品或服務能夠捲入愈多助己者的時間資源時，產品或服務的成長速度愈快，未來的規模可能愈大，撬動用戶時間資源的可能性就愈高。

2. 守住自己的時間資源，防止被他人撬動

這其實就是時間管理的概念。管理時間有個簡單的祕訣：有條理地強制自己關注重要的事情，抑制自己做緊急和簡單事情的衝動。人天生就喜歡做那些簡單的事情，例如手機響了，就會下意識地接電話，因為這件事情看起來緊急而簡單，能讓人瞬間得到滿足感。但那些重要的事情卻會因此受到拖延。

因此，要管理好自己的時間資源，需要做到以下三點。

（1）先做最重要的事

如何擺脫先做簡單小事的習慣呢？想想自己當下最重要的事情是什麼。自己正在做這件事嗎？如果沒有，為什麼不做呢？是不是因為「我想先做手頭上的這些事，等這些事做完以後，再做對我而言最重要的事」？

但是當「手裡的這些事」做完之後，還有多少時間做對自己而言「最重要」的事呢？人一天想做的事可能很多，而很多小事非常占用時間。怎麼辦呢？要學會用更多的時間做更少、更重要的事情。

（2）學會拒絕

我們很容易被「常識」和「慣性」偷走時間，例如，有人找我們幫忙時，如果是不難的事情，我們通常會說「好的」。這樣會顯得我們善解人意、樂於助人。當別人邀請我們時，我們通常也會於出於慣性接受，給對方面子。

這其實是別人在用槓桿撬動我們的時間資源，我們欣然接受，卻忘了自己其實還有更重要的事。為什麼不找個理由，對他們說「不」呢？

（3）關閉通知

如今的網路產品已經進化到可以利用大家關注緊急事件的習慣來增加用戶黏著度，想盡一切辦法獲取用戶的時間資源。例如微信、微博、臉

書、LINE、電子郵件等都會有推播通知，就連在電腦上使用搜尋引擎時，網頁都會顯示即時熱搜，這些內容都在爭先恐後地分散我們的注意力。

幸運的是，有一個簡單的方法解決這個困擾：關閉所有通知，封鎖無效訊息，等空檔時再去處理那些簡單的小事情。例如每天可以設定三個時間，集中解決那些簡單的小事情，這樣不只可以節省時間，而且能夠提高效率。

人的時間花在哪裡，結果就在哪裡。把時間和精力花在什麼地方，就會獲得相應的事物。如果我們把時間花在飲食，通常會獲得身上的脂肪；花在玩樂，通常會獲得一段回憶；花在讀書，通常會獲得知識和遠見；花在事業，通常會獲得有所成就的事業表現。問題不在於有沒有時間，而在於如何選擇。

第 **6** 章

變現
方法

網路商業世界中的變現有三大核心驅動力：用戶數
量、用戶黏著度和認知勢能。這三大核心驅動力對應
著三種變現方法：流量變現、黏著度變現和知識變
現。流量變現是透過高用戶數量變現；黏著度變現是
透過高用戶黏著度變現；知識變現是透過高認知勢能
變現。

01 流量變現

▧▷流量變現的基本邏輯是透過較高的用戶數量、較低的單位用戶變現金額變現,可以簡單地理解為吸引大量用戶,從每個用戶身上賺取小額金錢。最常見的流量變現形式是廣告變現、微商變現和傳統的電商變現。◁▨

流量大一定能變現嗎

在流量變現的模式中,最關鍵的要素是流量嗎?

其實不是,對於自媒體而言,流量只是流量變現的要素之一,流量變現中更關鍵的要素是商業價值。這就是很多自媒體擁有大流量,變現效果卻不佳的原因。

流量變現能力=商業價值×流量。

商業價值來自哪裡呢?商業價值主要來自賽道,也就是領域定位。一個有百萬粉絲的笑話自媒體和一個有三十萬粉絲的美妝自媒體哪個更有商業價值?答案一定是有三十萬粉絲的美妝自媒體更有商業價值。

因為笑話自媒體的用戶形象模糊,沒有特定類型的產品或服務能夠針對這類族群。這類自媒體的閱讀、按讚、轉發、評論數據可能看起來風光,但與後續的商業轉化關聯不大。

相反地,美妝自媒體的用戶形象清晰,適合美妝類型產品的廣告主精準投放。加上美妝產品巨大的市占率、大量的用戶需求和強大的品牌

實力，讓這類自媒體不只有廣告投放的潛力，還有帶頭銷售商品的潛力，商業價值倍增。

從這一點可以再回頭檢視領域定位的重要性。很多人不是不努力，只是領域定位決定了商業價值，領域定位選擇不對，勢必事倍功半。傳統電商和微商都是流量變現的典型，但只要流量夠大，傳統電商和微商就能做好嗎？

當然不是，除了前文介紹商業模式時提到的供應鏈問題，還有選品問題。選品決定了商業價值。以微商為例，中國微商剛興起時，銷售最多的產品類型是面膜。為什麼是面膜？因為面膜的商業價值高，主要表現在以下三點：

1. 與美有關

愛美之心人皆有之，與美有關的產業一定是大產業，一切與美有關的產品類型一定是市占率大的類型。這個類型的主要目標客層是女性，女性對美的追求永無止境，同時女性的消費能力也很強。因為這個與美有關的屬性，決定了面膜擁有非常優質且數量龐大的潛在消費客層。

2. 毛利率高

面膜類產品除了部分知名品牌的品項可以在各大購物網站查到價格，很多非主流通路銷售的面膜在價格上並不透明。這種價格不透明也是因為消費者並非專業生產者，對產品特性的認知更多是源自於廣告宣傳。

廣告宣傳導向的不同和資訊的不對稱，讓同樣的面膜貼上 A 牌每片銷售十元，貼上 B 牌就可以銷售二十元。就算那種在超市販售，在網路上可以查到價格，價格透明化的面膜，其本身的毛利率也是非常高，更不用說那些價格不透明的產品。

3. 使用頻率高

面膜是消耗品，根據面膜的屬性不同，一般面膜的推薦使用為一週一至三片。面膜適用對象幾乎包含各種年齡層的女性，潛在消費客層的數量非常龐大，每年的潛在用量也非常可觀。在龐大的市占率之下，就算再不知名的品牌，只要展開錯位競爭、精準地找到賣點，也總有在面膜市場中分一杯羹的可能性。

為什麼有的自媒體爆紅之後能接到大量廣告，有的自媒體爆紅之後接的廣告卻很少呢？祕密全在商業價值。如何選擇商業價值比較高的定位呢？主要有以下五個關鍵點：

1. 潛在用戶

高商業價值的定位不只要求潛在用戶數量要多、用戶品質要高，還要求用戶具備一定的消費能力。例如有些自媒體的用戶族群是男大生，這類族群的用戶數量雖然比較多，但消費能力有限。相比之下，女大生的消費能力更強。

2. 潛在產品

潛在用戶對應著潛在產品，潛在產品的種類愈豐富，代表自媒體廣告變現和銷售變現的可能性愈高，也代表商業價值愈高。例如，美妝自媒體的商業價值通常高於口紅自媒體的商業價值，因為美妝自媒體對應的產品種類更為豐富。

3. 市占率

潛在產品對應著產品的市占率，市占率愈大的產品商業價值愈高。例如，我在選擇定位時，有人勸我聚焦在人力資源管理的某個小眾領域，例如聚焦在招募領域或聚焦在績效領域，也有人確實這麼做。但是我沒有這麼做，因為人力資源管理的小眾領域市占率較小。

4. 利潤空間

產品的利潤空間決定了產品有多少廣告預算，也決定了這個產品值不值得做廣告。例如吳曉波和羅振宇剛開始經營自媒體時，不約而同地選擇了書籍銷售，後來又不約而同地選擇了課程銷售。因為銷售書籍的利潤空間太小，銷售課程的利潤空間較大。

5. 品牌實力

領域內產品對應的品牌實力決定了品牌方為產品投放廣告的能力。產品對應的知名品牌愈多，品牌的影響力愈大，商業價值就愈高。例如，汽車自媒體對應的汽車品牌的資金實力普遍較強，這類品牌更願意為產品投放廣告。

如何維持流量持續成長

自媒體平台的紅利期一個接一個地過去，如今網路中還在不斷湧現各式平台，所有的平台、自媒體都捲入了這場爭搶用戶時間的大戰。流量不再像從前那麼容易獲得，流量的競爭愈來愈激烈，流量焦慮也成為困擾許多自媒體的難題。

例如，有的自媒體雖然顯示的粉絲數較多，但發布內容後的觀看、按讚、互動等數據不太樂觀。這並不一定代表這類自媒體買了「殭屍粉」，還有可能是因為這類自媒體曾經「風光」過，但隨著時間的推移，粉絲注意力大量流失，表面上還維持關注，其實早已經不看內容了。

流量變現的兩大核心是商業價值和流量。商業價值的關鍵在於前端的選擇，商業價值的高低通常在選擇定位和商業模式時就已經大致底定了。流量的關鍵在於後端的營運，流量的大小與內容提供、資源支持和營運

方式等直接相關。

1. 內容提供

在內容提供方面，要維持流量的持續性，要注意以下三點：

（1）消耗。優質的內容往往是既有趣又有料，但優質內容可遇不可求，而且具備一定的消耗性。解讀某個話題使用過的角度，做過的內容，很難重複使用。很多個人經營自媒體一段時間之後會陷入內容枯竭的困境，正是因為一個人知道的內容就那麼多，而且輸入的速度又比輸出的速度慢得多。

對於內容的消耗性，自媒體大咖的做法是透過與大量全職或兼職的內容提供者合作，持續獲得優質的內容產品，但對個體而言，如何解決這個問題需要提前思考。做內容之前提前了解自己的邊界，好過做到一半時才發現自己的不足，這樣做有助於提前設計和規劃內容。

（2）創新。相似的內容，用戶在觀看一段時間之後就會產生倦怠感，這也是聚焦單一內容領域的自媒體生命週期往往比較短的原因。要讓用戶持續關注，在內容上要維持階段性的突破和創新。而單一內容領域很難在短時間內有比較大的創新。

（3）品質。內容品質的穩定性決定了流量的穩定性。很多做原創內容起家的自媒體，一開始流量比較大，但運作一段時間之後，迫於更新頻率和工作量的壓力，更新的內容難以維持原有的品質，很容易造成粉絲流失。

影音網站嗶哩嗶哩，就有很多這類內容優質且有趣的 UP 主。例如，UP 主「畢導 THU」，他是個「學霸」，擅長的是「艱深」的數理化知識。他的自我介紹是「數理化狂熱愛好者，想做出最好玩的科學影片」。

照理說大多數網路用戶對艱深的數理化知識都是不感興趣的，大家為

什麼要用休閒娛樂的時間，學習與自己無關的數理化原理？但截至 2020 年底，畢導 THU 在嗶哩嗶哩網站的粉絲數超過 302 萬，按讚數超過 1,320 萬，影片總播放量超過 1 億次，多數影片的播放量為 100 萬～ 300 萬。

在一個偏娛樂化的網站上講解數理化知識為什麼能獲得這樣的成績呢？因為畢導 THU 是用生活化的場景講述數理化知識，把知識和生活完美地融合，將生活中的小事用「艱深」的數理化知識解讀，配上深厚的學術功底，能形成非常強的內容衝擊力，他的影片往往有讓觀眾意想不到的結果，進而讓影片內容非常吸引人。

畢導 THU 有很多在生活化場景中加入數理化知識的影片，例如《火鍋之神在此！如何優雅地吃一個撒尿牛丸？》講的是如何用科學的方法涮火鍋；《我給自己發了 2 億個紅包，才發現先搶和後搶差距這麼大！》講的是如何用科學的方法搶紅包；《如何剪指甲不亂飛？從今天起優雅從容不飛濺！》講的是如何用科學的方法剪指甲。

畢導 THU 的內容屬性決定了他有能力維持流量的可持續性。

（1）內容不易枯竭。他的內容是結合生活與科學，生活是個大類型，內容具備豐富性和靈活性，生活中的任何事情都可以拿來做為素材解讀。科學也是個大類型，而且科學每天都在日新月異地發展。這兩個大類型決定了畢導 THU 能夠做各式各樣的內容。

（2）解決創新難題。畢導 THU 的影片內容定位本身就具有創新性，只要生活中的事夠不起眼，其中的科學原理夠陌生，將兩者結合之後的內容就是一種創新。在這個基礎上，他還可以做更多劇本上的創新。

（3）更容易接到業配。畢導 THU 已經成功地接到大量業配，收益可觀。影片內容貼近生活在變現上有個非常大的好處，就是可以承接各種類型的業配。加上他的影片內容有科學解析的屬性，可以對任何產品

進行科學的解析，進而突出產品特性和優勢。這些都讓他的自媒體頻道具備比較高的商業價值。

與畢導 THU 相反，嗶哩嗶哩網站上有些 UP 主的影片內容太過依賴創意。當內容過於依賴創意時，必然很難「多產」，而且很容易「難產」；有些 UP 主的內容定位與消費領域不相關，沒有產品與其產生關聯。這些 UP 主都有可能做出爆紅的影片，但其本身的商業價值就比較低。

2. 資源支持

單打獨鬥很快就會遭遇流量瓶頸，若想爭取流量的增加，就需要一定的資源支持。

（1）平台支持。無論在哪個平台輸出，都要想辦法和平台內部的工作人員接觸並建立良性關係。「網紅」秋葉大叔的自媒體粉絲矩陣有五千多萬人，自媒體類型包括微信公眾號、微博帳號、抖音帳號、微信視頻號等。每進入一個自媒體平台，秋葉大叔都會去總部拜訪相關工作人員，以獲得平台的支持。

（2）流量聯合。抱團取暖、流量融合是如今中小型自媒體的出路之一。這種聯合不一定非要加入 MCN 公司，中小型自媒體之間進行內部協商也可以完成。例如嗶哩嗶哩網站不同的 UP 主之間經常相互推薦，相互拍短片。

3. 營運方式

流量生意並不如看起來那麼容易，粉絲並不完全等於流量。流量生意的本質是爭取用戶的注意力。用戶的注意力是鬆散的、是零碎的、是挑剔的，這就決定了要做流量生意，一刻都不能鬆懈。

任何事物都有生命週期，流量也不例外。所有自媒體都有流量快速成長期、流量穩定期和流量衰退期。自媒體營運的關鍵就是不斷延長流

量快速成長期和流量穩定期，尋找增加流量的方式，並穩住既有流量。

流量變現有哪些方式

流量是變現的基礎，流量變現通常會結合其他變現方式。例如流量＋黏著度可以實現直播銷售變現，流量＋專家身分可以實現知識變現。如果只有流量，但黏著度和專家身分屬性較弱，也可以達成變現。比較純粹的流量變現方式有三種，分別是廣告變現、微商變現和電商變現。

1. 廣告變現

廣告是大企業的必需品，廣告變現是常見的流量變現方法，是傳統的變現方法，也是永不過時的變現方法。自媒體的廣告形式很多，當流量比較大，而且用戶是廣告商的目標族群時，就可以透過廣告變現。

2. 微商變現

微商是借助微信發展紅利期興起的一種變現形式。在微信推出「朋友圈」功能後不久，大家很快就發現這是一部分待開發的流量。

許多人說微商已經過時，已經不像以前那麼流行，但其實這只是大浪淘沙的結果。任何事物剛出現時都會經歷一個野蠻生長的階段，這個時期總會有各路人馬登場，又黯然離場。

這些被淘汰者的普遍特點就是沒把心思用在產品和服務，而是想盡辦法宣傳造勢，甚至不惜使用欺騙的手段，將微商環境弄得烏煙瘴氣，讓微商在很多人心中變成一個聞之走避的貶義詞。

微商是一種商業生態，不是每個做微商的人都在用假照片和炫富吸引注意。巴菲特有句名言：「只有當潮水退去，你才會發現是誰正在裸泳。」微商確實沒有剛開始時那麼流行，可以理解為沒落了，但更準確的說法

是它趨於理性了。

那些違法亂紀、有悖道德、經營不善、管理混亂的微商漸漸消失，剩下的是那些遵循經濟規律，正經做生意的微商。微商依附微信這種使用率高的軟體作為銷售管道。微商的商業邏輯本身沒有問題。只要微信存在、消費存在、需求存在，市場就存在。

3. 電商變現

李子柒採用的模式就是典型的電商變現模式。

截至 2020 年底，天貓李子柒旗艦店的主要產品類型有四種。

（1）調味品，包括調味醬和調味料。

（2）速食品，包括泡麵／寬粉／麵皮／即食冬粉／米線／螺螄粉。

（3）保健食品，包括即食燕窩。

（4）沖調飲品，包括薑茶、豆漿、蓮藕粉。

李子柒網路商店的產品幾乎都是高毛利、具備消耗屬性、用戶價格敏感度低的產品。高毛利確保營利能力；具備消費屬性讓產品能夠維持較高的回購率；低價格敏感度決定較高客單價。加上李子柒個人品牌的附加價值，李子柒的網路商店無論是銷售還是利潤都能維持較高的水準。

流量變現要注意什麼

這是一個自媒體泛濫的時代，每個自媒體經營者都希望自己一夜爆紅，得到大量關注。但事實上，每個平台都只有大約前 5％的自媒體能成為頂尖，賺取整個平台八成以上的紅利；有大約 15％的自媒體在中間段，賺取大約 15％的紅利；剩下的 80％只能成為尾端，分享剩下大約 5％的紅利。因此到底要不要走流量變現的道路，首先要盤點自己是否具備流

量變現的條件。除了選擇有商業價值的定位，確保優質的內容輸出，具備資源和營運的支持，走流量變現的道路之前，還要特別注意以下三點：

1. 時間投入

獲取流量是一件很辛苦的事，每一個大流量的背後都是個人或團隊不斷嘗試和辛苦付出。獲取流量是一件沒有盡頭的事，不能三天打魚，兩天晒網。撇開內容不說，獲取流量從時間投入方面就能勸退很多人，開始流量變現之後也要持續堅持才可能有成效。

我一開始在相關領域平台做內容輸出時，更新頻率是日更。那時候我還在上班，每天下班回家吃完飯的第一件事就是寫第二天的文章。那個平台有一個打卡機制，每週一到週五還會發布一個 HR 關心的實務問題，每個人都可以針對這個問題投稿，文章字數至少 1,500 字，提交之後有專人審核，審核通過之後會被推到首頁讓所有用戶看到。如果沒有這些時間的投入，又怎麼能換來流量？

2. 處理挫折

獲取流量要學會處理挫折。在剛起步時，一定會遇到各種意想不到的困難，一定會經歷努力卻無法獲得預期回報的情況，也一定會遇到刁鑽用戶的質疑或否定。這個時候不能自亂陣腳，要學會處理挫折。

我在人資領域平台上發布的文章偶爾會遇到一些用戶的負面評價。剛開始我的態度是自我質疑，會思考是不是自己寫得不好。後來我發現絕大多數用戶是喜歡的，又覺得寫這些負面評價的用戶都是「酸民」，不需要和對方針鋒相對。之後我就見怪不怪了，遇到負面評價時先審視自己，若自己覺得沒問題，也就一笑置之。

3. 持續輸入

獲取流量需要高品質的內容。高強度的輸出需要持續地輸入，否則

很快就會江郎才盡。我們不是等到已經學習足夠的知識，才開始輸出；而是透過輸出總結自己學到的知識，當發現自己所知還不夠多，就會持續學習。這時候的學習，就是自動自發的學習。

「寫書哥」經營的是文字類型的微博帳號，每天都需要輸出大量文字內容，他和我分享他的學習輸入經歷時是這麼說的：

從我開始自媒體寫作後，我明顯感覺到自己的知識在飛速成長。現在反思，是以前的我不愛學習嗎？不是的，以前我也有焦慮感，每天都要抽出很多時間看書，希望多學知識，以免被時代拋棄。

但這種焦慮太虛無縹緲了，沒有量化指標。只知道多看書、多長見識，但看多少呢？吸收到什麼程度呢？對自己有沒有用呢？什麼時候會有用呢？這一連串的問題，都是沒有答案的。這種學習是沒有目的、沒有目標的。

我開始自媒體寫作之後，這些問題都迎刃而解。

我的微博每天要發超過十篇原創文章。這些文章最初可以寫自己的故事、朋友的故事。可是故事寫完以後怎麼辦呢？我肯定要學習，要從書中汲取營養，於是看書的目的就明確了。

以前我看一本書大約要看一週，但時間不等人，如今我必須強迫自己兩、三天看完，然後迅速找到書中的特殊處，結合自身的經驗，把這些特殊處變成自己的知識。這種學習讓我的注意力非常集中，看書速度極快。

以前我經常聽線上課程學習，現在幾乎不聽了，為什麼？因為聽音訊檔吸收知識太慢，不如直接看文字。音訊一分鐘只能講200～300字，而且在整段聽完之前，不知道哪裡需要跳轉。我閱讀

一分鐘能看 1,000 字以上，可以速讀、可以跳讀、可以精讀，靈活性高。十分鐘的音訊文字內容，我兩分鐘就能看完。

學習只是一味吸收是不行的，還要學著分享出來。怎樣寫作才能通俗易懂呢？這其實很難，需要大量練習，不斷試錯，不斷修改。看我如今寫文章好似風輕雲淡，但其實每一篇文章都改過好幾次。甚至有些不滿意的地方，已經寫了近千字，我也會果斷刪除放棄。這個過程雖然艱難，卻讓我學到了很多寫作的技巧。回看一年前寫的東西，我會覺得真差勁，這就是成長的感覺。

02 黏著度變現

◤▽黏著度變現的基本邏輯和流量變現的基本邏輯剛好相反，是透過較低的用戶數量、較高的單位用戶變現金額變現，可以簡單地理解為用戶數量較少，但從每個用戶身上賺取較多的錢。最常見的黏著度變現形式是直播變現（抖內）、社群變現等。電商直播銷售不是純粹的黏著度變現，而是流量變現＋黏著度變現。⊿◢

直播變現的原理是什麼

直播如何興起流行？大家為何願意看直播？為什麼願意為直播付費？

直播一開始的火爆只發生在電玩領域。最早看直播的主要目的是學習電玩高手的操作手法，然而目前直播領域出現了更加多元的元素。

知識類型內容可以直播，音樂類型內容可以直播，新聞類型內容可以直播，綜藝節目可以直播，大型活動可以直播，產品也可以透過直播銷售。直播成為一個既可以塑造 IP，又可以增加用戶黏著度的工具。

我不是直播用戶，因此我曾經很好奇參與直播的人到底是基於何種目的看直播。就我原先看來，很多直播主的內容形式就是坐在那裡和用戶聊天，再來無非就是唱歌、跳舞、打電玩或秀技巧。這類內容具有比較強的不可預見性，也就是用戶事先並不知道自己能看到什麼，這也正是我這種實用主義者不看直播的原因。但和其他快速引人注意的內容形

式相比，直播的內容真的能吸引用戶嗎？

為了深入了解直播用戶的感受，我特意找了身邊三位長期使用直播台的人，請教他們在什麼情況下會看直播，看直播時的場景是什麼。他們各自分享自己的使用習慣。有意思的是，他們有一個共同的使用場景。那就是在電腦、平板或手機上打開直播平台，找到感興趣的直播主或內容時，如果是電腦，就縮小成一個視窗放在桌面上；如果是平板或手機，就把設備架起來放在旁邊，拿起另一個平板或手機使用。直播過程不影響他們進行其他的聊天、看電影、看綜藝或打電玩等諸多娛樂。

如今，網路平台和自媒體都在爭搶用戶的時間，照常理來看，原本不同內容形式之間是互斥關係，或者是「串聯關係」，即把用戶的時間看成單線程，用戶接收完一種內容之後才能接收另一種內容。而直播卻打破了這種互斥關係，化「串聯關係」為「並聯關係」，把用戶的時間變成多線程，讓用戶可以在接收直播內容的同時接收其他內容。

許多平台直播主 IP 塑造的祕密就是時間。這些直播主可以和別的內容共用時間、分享時間，甚至直播主和直播主之間也可以共用時間，也就是一個用戶可以同時觀看好幾個直播主的直播。這在如今內容泛濫的網路時代，早就不是什麼新鮮事了。

時間對 IP 人格化的塑造和情感的養成非常重要，這也正是大家都在爭搶用戶時間的原因。短時間的內容刺激只能讓用戶對個人 IP 產生好感，長時間、高頻率、多次數的內容刺激才能讓用戶愛上個人 IP。

愛和喜歡是完全不同的兩種情感，喜歡可以是一瞬間，但愛需要時間。技巧可以讓人很快喜歡自己，但彼此必須經過一段時間的相處，經過一段時間正面情緒的累積，才能將喜歡升級為愛。恨和討厭也是如此，討厭的感覺往往也是一瞬間，但要升級到恨，也需要一段時間的負面情

感累積。

直播抖內變現的邏輯，正是透過直播主長時間的陪伴、長時間的正面情緒累積，讓用戶對直播主產生深厚的正面情感，進而願意為直播主的時間付費。其他人不理解為什麼用戶願意抖內直播主，是因為他們沒有經歷時間的累積，沒有產生用戶對直播主的那種情感。

黏著度變現的邏輯是什麼

黏著度變現的核心邏輯是什麼？為什麼黏著度可以變現？

黏著度變現的關鍵字是「陪伴」，本質上黏著度消解的是人的孤獨感。黏著度變現的核心邏輯是透過 IP 高度的人格化，使 IP 具有較強的親切感或獨特的人格魅力，讓用戶願意與 IP 溝通和交流。這種溝通和交流不一定即時，不一定互動性強，但需要長時間或高頻率。

從 2021 年開始，所有人都在說粉絲成長遇到瓶頸，成長空間愈來愈小是網路產業整體面臨的難題，接下來要挖掘的，就是如何好好經營目前已經具規模的成熟市場。

既有成熟市場的出路在哪裡？幾乎只有加強黏著度這一條路，否則既有的市場必然會變得愈來愈小。增加黏著度，才有可能做到經營超級用戶的「深度粉銷」，讓用戶在付費之後願意再次付費，進而提高續訂或回購率。

這就是為什麼很多原本野蠻生長的自媒體都在往社群化方向發展。網路一方面打破了邊界，讓人能夠在短時間內獲得來自各個不同領域的訊息；另一方面重塑了邊界，基於對特定領域的需求或熱愛，不同社群之間的邊界愈來愈清楚。

社群化的營運和發展，大致可以分為以下四個階段：

1. 中心聚集

快速聚集用戶並不難，優質的內容產品、高勢能的 IP 或主題活動都可以做到。但這個階段只是社群組織的初創導入期。在這個時期，社群成員之間彼此陌生，只是因為特定的共同目標而聚集，需要引導和開發，才能往下個階段發展。許多人正是在這個階段沒有做好，才讓社群在成立不久後就迅速消亡。

2. 網狀結構

社群發展的第二個階段是形成網狀結構。只有社群成員之間彼此熟悉、相互溝通、多次交流，才能形成這樣的結構。形成網狀結構是社群成員間建立信任的過程。

3. 資源交換

社群發展的第三個階段是資源交換，這裡的資源交換可以是資訊互通，可以是人際關係資源交換，也可以是物品交換。經濟發展的本質是交換，有了交換，就有商業活動，有了商業活動，才開始展現社群的經濟價值。

4. 價值交換

資源交換的下一步是價值交換，社群成員之間可以透過各種形式相互協作，促成工作或事業上的進一步合作。

這四個階段是一個有價值的社群成長必經之路。要從第一個階段走到第四個階段，需要社群管理者耗費一定的時間和精力。對於社群發展四個階段的理解，我們可以想像為名校的 MBA 課程。在名校學習 MBA 的學費昂貴，很多人讀 MBA，知識學習是一方面，更重要的是拓展人際關係。

一個MBA課程的同學由於學習目標而聚集,首先形成社群。一開始,彼此之間還不熟悉,需要相互認識、相互熟悉,並逐漸形成網狀結構。在彼此認識、接觸之後,同學之間建立起基本認知,於是開始嘗試資源交換。經過幾輪資源交換之後,同學之間的熟悉程度提高,關係比較好的同學之間可以啟動價值交換。

「寫書哥」發過如下一則微博。

訓練營的未來是社群:課程不值錢,陪伴才值錢。

剛才一個大V和我說,他的減肥訓練營只做了一期就放棄了。我很奇怪:這是長期的事情,根本不是一個月能搞定的。

他說抄襲的太多,甚至有人拿他的課程去賣,他覺得訓練營太容易被複製,所以寧可不做,只做線下。

他錯了,訓練營的本質並不是課程,能講課的人很多,核心問題是,人家憑什麼和你玩?我的理解如下:

1. 群主要專業。這是最低要求,不能把學員「帶歪」了。其實網上有很多「抄襲型」社群,這肯定做不長久。

2. 社群有溫度。不能總是由上而下地講課,社群成員之間要多互動,大家成為朋友,慢慢地就離不開了。

3. 經常有活動。總做同樣的事,慢慢地大家就疲了,絕大部分社群有個「三個月死亡定律」,如何持續活躍,很考驗群主的能力。

4. 強制性學習。人性本懶,社群中要有強迫機制,每天必須完成任務,完不成就微信催、打電話催,甚至踢出隊伍。

回到前面,課程最多占社群的20%,更重要的是營運。如何激發大家一起玩,這才是關鍵啊!

如何加強粉絲黏著度

　　常聽幾個朋友談起粉絲社群管理的難題。我有個朋友利用舉辦大型活動的現場加微信群發紅包的方式有了數十個微信群；另一個朋友利用自媒體宣傳的方式引導大家加入社群，也有了數十個微信群，還有朋友利用其他各式各樣的方式有了很多微信群。這些微信群美其名稱為私域流量，但我這些朋友的微信群都有個共同的問題，就是加入社群之後沒人管理。如今私域流量的概念被炒得很熱，很多人已經開始針對這個概念做線上知識付費產品變現，教人如何獲取和管理私域流量。私域流量是相對於公域流量的概念。

　　公域流量指的是從外部平台獲得的流量，如果是知識付費領域，可以從得到 App、喜馬拉雅、千聊等平台獲得流量；如果是電商領域，可以從淘寶、京東、蝦皮等平台獲得流量。這些流量也許比較大，但無法控制並且很難有效管理。

　　私域流量指的是自主程度較高、較可控制的流量，是管理者可以自訂時間與頻率，透過相對直接的方式觸及的流量，例如微信公眾號的推送、臉書社團、微信群或 LINE 群組訊息通知。

　　從公域流量和私域流量的含義來看，顯然私域流量有更好的效益，然而理論是理論，現實是現實。許多人建立了大量的群組，但就只是擱置在那裡，漸漸群組就變得無人問津。加上管理不善，常常有人把群組當成發送廣告訊息之處，有些群組平時沒有動靜，有動靜也都是各種砍價、投票、廣告等訊息，這讓群組內的其他成員不是直接退群，就是選擇關閉通知，不再關注這個群組。

　　當群組較多時，應該如何管理？如何加強粉絲黏著度呢？如何小成

本地管理群組呢？

　　和很多流量大的單位或 IP 相比，我的粉絲群組不多，微信群和 QQ 群加在一起不到三十個，加入群組的粉絲總數不到兩萬人，但是天天都有人在群組裡發言，平均每個群組一天會有上百條聊天訊息，雖然不是特別「火熱」的群組，但遠遠好過那種沒有互動的「死群」。

　　重點是，我的所有群組都由一位團隊成員利用零碎時間管理，這位成員有自己的正職工作，管理群組只是他眾多工作之一。而且他也沒有花太多時間在群組的管理上，就能把群組管理得井井有條，還讓群組維持一定的活躍度。

　　結合我的群組管理經驗，我總結了小成本、高效率地加強粉絲黏著度的方法，內容如下。

1. 群組成員能獲益

　　群組是一種組織，既然是組織，就要有組織目標。這個世界上任何沒有目標的組織最終都會走向消亡，無一例外。組織目標一定要與群組成員有關，要有利於群組成員，讓成員獲益，而不是有利於成立群組的人。因此在成立粉絲群組前，首先要想清楚三個關鍵問題：

　　（1）成立群組有什麼目標？

　　（2）群組能解決什麼問題？

　　（3）成員有什麼好處？

　　有人說「我成立粉絲群組，就是為了方便發送廣告」。雖然這句話不會直接對粉絲說，但只要抱持這種目標建立的群組一定會成為「死群」，會引發成員退出群組。

　　我的群組就是在充分思考了這三個關鍵問題後才成立的，我的粉絲加入群組主要以學習交流為目的，加入我的粉絲群組主要有五個益處：

（1）交流。我的粉絲群組以 HR 為主，大家都是同行，在群組裡可以相互交流工作心得。人力資源管理工作的靈活性非常高，同業交流有助於了解其他企業的做法，進而為自己的工作提供更多的想法。我會邀請樂於分享的朋友加入我的群組，增加交流氣氛。

（2）分享。很多人力資源管理的公眾號為了吸引粉絲，會要求粉絲轉發文章到群組，進而獲得特定資料。一般的群組完全杜絕此類廣告性質的內容轉發，我的群組則允許轉發，但轉發者獲得資料後必須在群組內分享。這樣就自發形成了分享資料的社群功能。

（3）資訊。除了成員之間相互分享，我也會定期在群組內分享免費的學習資料。此外，群組小幫手會定期在群組發布產業資訊、調查研究報告或是我定期發布的自媒體文章。這些資料和資訊都是免費提供，可以幫助成員拓展視野。

（4）資源。既然群組成員都是相同產業，除了具備學習交流屬性，這些群組還具備資源交換屬性。例如成員的公司開出人力資源相關職缺，其他想找工作的成員就能獲得消息；或者成員的公司有其他類型職缺，也可以透過成員的人脈推薦。

（5）驚喜。群組內還會有很多意外的驚喜，例如我會不定期在群組發布免費的線上直播課程。當我在寫書或研發課程時，有時會透過與群組成員的分享與成員的回饋，反覆推敲斟酌書籍或課程內容，如此一來群組成員能夠獲得免費的高價課程，我則可以獲得群組成員的回饋，實現雙贏。

2. 引導群組自我管理

群組內有活躍的成員，能夠自發提高群組的活躍度，有這種群組成員是一種幸運。但如果沒有這類活躍成員，就需要專人去提高群組的活躍

度。但是當群組數量多的時候，提高群組的活躍度就變成一件費時又費力的事。我見過有的單位甚至雇用專人管理群組，也沒得到想要的效果。

我的群組管理沒有花費管理人員過多的時間和精力，是因為在成立群組之初，我就將群組往成員自我管理的方向引導，讓群組成為能夠自發營運、自發管理的群體。

（1）強調自發性。看到前文所提加入我的粉絲群組能夠獲得的五個益處之後應該能感受到，我的群組自成立之初，就強調成員在群組內的自發性：有問題，自發在群組提出；有資料，自發在群組分享；有資源，自發在群組交換。群組是成員共同的社群，不是我個人的社群。強調自發性不只有助於提高社群成員的參與感和主人翁意識，並且能夠減少粉絲群組的管理成本。

（2）自願加入群組。許多人成立群組時想盡一切辦法讓粉絲加入群組，追求群組的成員數，但是我在成立粉絲群組之初就抱著「姜太公釣魚」的心態。不強求大家加入群組，認同我的粉絲群組所能提供的五個益處、願意加入群組的粉絲就自己申請加入。我不會採取任何手段讓粉絲加入群組，這就讓加入群組的成員具備一定的自發意識。

（3）表明邊界。因為我的群組名稱是「任康磊的人力資源管理」，雖然已經說明了是人力資源管理相關的交流，但是總會有成員對群組有自己的理解和期待。例如有的成員認為我應該會常常在群組內為成員解惑。有的成員認為自己在群組內發言就應該會馬上得到回應。遇到這類型的成員一定要表明群組的邊界，若與成員所期待的有所出入，成員可以退出群組。

3. 建立群組規則

國有國法，家有家規，群組也一定要有群組規則。有了規則，群組

才能有效運作，群組的設計和定位才能有效落實，才有助於管理者進行群組管理。

以我的群組為例，粉絲加入群組後，群組小幫手會發布以下規則，在此提供參考。

歡迎小夥伴們加入任康磊老師的人力資源交流群組，本群組歡迎 HR 小夥伴在群組內互相討論交流工作、學習經驗。

本群組會不定期分享學習資料、文章等，也歡迎小夥伴們共同分享人力資源、企業管理類學習資料。

關於任老師的書籍或線上課程事宜，大家可以 @ 我。

歡迎大家邀請 HR 小夥伴加入，邀請微商、營銷號進群組的，直接移除。發廣告、投票等無關訊息的，直接移除。

為了給大家營造良好的群組交流環境，請大家共同遵守以上規則。

關於轉發領取資料，還有一個更細緻的規則，內容如下，可提供經營微信群管理者參考。

轉發領取資料的，只能一個人發，發完之後註明自己會把資料發到這個群組，請大家不要轉發。跟發或者沒有分享資料的，只能移除。

不註明相關訊息就轉發的，也只能移除。

轉發時必須註明：轉發連結是為了本群組成員獲得資料，獲得資料後會第一時間把資料分享到群組，請大家不要跟發。

為了給大家營造良好的群組交流環境，請大家共同遵守以上規

則。發廣告和無關訊息的，直接移除。

有了這些規則之後，加上群組管理者的日常管理和提醒，整個群組就能有序發展了。

黏著度變現需要注意什麼

黏著度變現和流量變現的邏輯不同，操作方式也有所不同。流量變現可以專心獲取流量，但黏著度變現要充分考慮粉絲的感受。這就必須在內容和人設兩個面向同時著力用心經營，兩者缺一不可。

1. 內容

在內容部分，要注意以下三點。

（1）高黏著度。內容要具備一定的黏著度，要讓人看完之後產生意猶未盡的感覺，願意再看其他的內容。擁有高黏著度，代表粉絲可能擁有高忠誠度。

（2）差異化。要與市場上其他同類型內容形成比較明顯的差異。市面常見、人云亦云、老生常談的內容不只沒有競爭力，也不會有市場。

（3）高壁壘。內容要具備一定程度的不可複製性，因為優質的內容必定會引來大批人爭相模仿。

2. 人設

在人設部分，要注意以下三點：

（1）高勢能。人設一定要追求高勢能，高勢能會帶來高附加價值。

（2）親民化。高勢能和親民化並不衝突，兩者兼備必然會獲得更強的粉絲黏著度。

（3）價值觀。人設多源自於價值觀的展現，要注意正向、積極。

關於人設，一定要注意不要落入只重內容卻輕忽人設的誤區。許多自媒體經營者醉心於內容產出，不重視人設，這樣不只不利於形成個人IP，而且會因為人設模糊而削弱粉絲黏著度。例如，嗶哩嗶哩網站上有個「鬼畜」區，裡面有很多「鬼畜」類影片內容。許多 UP 主費了很大力氣製作影片，但他們本人從未在影片中出現，人格化程度低。許多人雖然喜歡看這類型影片內容，卻對這些 UP 主毫無認知。

此外，有效進行黏著度變現需要三個必備條件：

1. 提供理由

要提供粉絲願意投入時間持續關注的理由。這個理由可以讓粉絲持續獲得價值，滿足其自身的需求，例如持續提供優質的連載內容，能夠有固定時間在線上或線下與粉絲見面，能夠提供更便宜的產品等。

2. 保持互動

互動是必須的，但正如前述黏著度變現的邏輯所提，互動不一定要是即時的，但一定要有互動，如果互動太少，粉絲可能會失去歸屬感，黏著度會減弱。互動的方式、頻率、時間要提前設計，最好由 IP 本人來做，如果時間不允許，可以由其他人操作。

3. 貼近粉絲

既然要增加黏著度，就不能是一副高高在上的形象。要把粉絲當作自己的朋友，表現親切感，讓粉絲感受到溝通交流的溫暖。內容部分也要更貼近粉絲的生活，要根據粉絲的問題提供更具針對性的解決方案。

03 知識變現

▼▽知識變現的基本邏輯是透過高認知勢能獲得權威感，讓人信服，打造專家形象，進而成為特定領域專家或 KOL。知識變現的領域雖然在特定領域，但用戶族群很廣泛，可以對企業也可以對個人。知識變現的領域比較廣，圖書、線上課程、線下課程、問答平台、諮詢顧問等都屬於知識變現。▽▲

知識變現有哪些困局

隨著得到、喜馬拉雅、千聊、荔枝微課等 App 的發展，知識變現在中國迅速發展壯大。網路上一夜之間多了很多「名師」，瞬間涵蓋幾乎所有領域。如今，知識變現已經有了比較成熟的模式，競爭白熱化，早已經是一片「紅海」。

知識變現看起來門檻較低，許多人都想從中分一杯羹。在網路上銷售課程的門檻彷彿只剩下一台電腦和一支麥克風。只要能言善道，沒幾年經驗的人都能被包裝成「專家」做線上課程賺錢。如今，許多知識類的 MCN 公司甚至能進行批次包裝和複製 IP，知識內容的生產也可以遵循設定好的方法進行批次產出。

如果說 2016 年是中國知識付費的元年，那麼 2019 年就是中國知識付費迎來轉捩點的一年。從 2019 年下半年開始，知識付費的熱度明顯下降。2020 年線下教育市場受到重創，線上教育市場理應迎來轉機，但其

實卻並沒有。

課程完播率低以及低重複購買率已經成為知識付費產業的通病。業內數據顯示，整個知識付費產業的完播率不到 30%。完播率和重複購買率直接決定了知識付費產業究竟是衝動消費，還是一門可以持續經營的生意。

目前知識變現有哪些困局？如何應對這些困局呢？

1. 同質化

隨著知識變現的發展，如今網路上充斥著大量同質化嚴重的知識產品。同樣的知識、同樣的故事，張三可以講，李四可以講，王五也可以講。張三、李四、王五講的內容有什麼本質上的不同嗎？多數情況下沒有不同。

如何應對同質化嚴重的問題呢？

傳統的知識變現賣點是資訊不對稱。就是對於一件事，我知道，其他人不知道，我就可以讓其他人知道。但知識只是一層窗戶紙，戳破之後，大家都知道了，我還能教什麼？這時候就只能教經驗了。什麼是經驗？如前文所提，經驗就是經歷過關鍵事件後，對關鍵事件的處理以及從中得出的結論。

知識的同質化必然是嚴重的，但經驗的同質化不會那麼嚴重。畢竟知識是具有共通性，經驗具有獨特性。成功的企業各有各的成功之道，失敗的企業也各有各的失敗之處。要應對同質化嚴重的問題，可以從以下三個方面努力：

（1）對相同概念不同角度的解讀。例如同樣是講人才招募困難，我會從做銷售的角度類比做招募，並且預言在人才招募愈來愈難的大環境下，企業對招募人才的管理方式會逐漸轉向類似於銷售人員的管理模式。

（2）對相同概念不同情況的處理。例如同樣是講制定培訓計劃，許

多人是照本宣科，先做培訓需求分析。而我會根據不同的情況進行不同的處理，企業制定培訓計劃可能要解決人才培育問題，可能要解決績效問題，可能要解決培訓體系建立問題。針對不同情況，制定培訓計劃的方法也有所不同。

（3）對相同概念不同場景的應用。例如同樣是講績效管理，很多人只會講績效管理的基本原理。而我會根據企業類型展開講解，例如可以依大型企業、中型企業、小型企業分，可以依勞動密集型產業、資本密集型產業、技術密集型產業分，可以依網路業、製造業、服務業分，不同的企業可以採用不同的績效管理模式。

2. 競爭激烈

在中國，如今在適合知識變現的領域，都至少有五套不同講師的課程在網路上銷售。就算沒有，只要這個領域的市場夠大，很快就會出現同類型課程。有些競爭激烈的類型甚至有上百套同質性課程在銷售。

例如，我的人力資源管理數據分析課程本來是網路上獨家，但當這套課程的銷量變好之後，很快出現了大量跟風做相同主題課程的人。

如何面對競爭激烈的問題呢？可以從以下兩個角度著手：

（1）透過差異化展開錯位競爭。競爭激烈和同質化是一對「好兄弟」。往往是因為同質化嚴重，才會有競爭激烈的狀況。解決同質化嚴重的問題，也能減緩競爭激烈的情況。

（2）透過高勢能進行降維打擊。不同的勢能，其競爭的維度不同。由於 IP 整體為金字塔結構分布，頂尖 IP 的勢能較高，數量較少，能憑藉自身優勢對金字塔中段和底層的 IP 進行降維打擊。

如何應對知識變現沒有效果

先於知識變現興起的，是知識焦慮，而知識焦慮則源於自媒體的發展。自媒體為了吸引注意力，鼓吹和製造焦慮是常見的方法。然而隨著自媒體用戶趨於理智，焦慮愈來愈不起作用。許多購買線上課程的人發現自己的情況並沒有因為學習知識而產生改變，於是紛紛認為線上課程沒有用，不再相信知識付費產品。

有位學員和我說，他在知識付費剛興起時，深深地陷入了焦慮，他花費超過 5,000 元人民幣（約 2.2 萬台幣）買了許多 99 ～ 199 元人民幣的課程（約台幣 450 元～ 900 元），然而許多課程他都只聽了開頭，就算有聽完的課程也覺得沒用。他沒有自責，而是認為這些課程是預先錄製影片播放，腦袋無法吸收。後來市面上出現了價格為 599 元～ 1,999 元人民幣（約台幣 2,700 元～ 9,000 元）的訓練營，有了作業、打卡等設計，他覺得這下可以好好學習了，又陸續報名許多訓練營。好不容易學完了，卻發現還是沒有效果。

有些平台打著通識教育的幌子，卻在進行知識娛樂的生意，把知識付費產品做成了故事集、成功學和心靈雞湯。這種內容聽起來很輕鬆、很熱鬧、很有趣，一點都不枯燥，重點是根本不需要思考，但學員聽完之後幾乎什麼都學不到，什麼都沒有改變。

如何應對知識變現沒有效果，以及由此造成的學員流失問題呢？

1. 實用主義

知識付費的下半場，「有用」、「深入」等關鍵字頻頻出現。在自媒體經營歷久不衰、在圖書市場中持續熱銷、在線上課程領域熱度不減的知識型內容都具備實用屬性。大家購買知識付費產品，最終買的是用途，

而不是買有趣，更不是買熱鬧。

　　雖然大家表面上希望傳遞知識的方式有趣、簡單，但骨子裡還是希望知識夠實用。這就像是挑蘋果，當還沒吃過蘋果時，都會挑鮮紅色的買，但是有了經驗之後，知道蘋果並不是愈紅愈甜，有些看起來略微發青的蘋果反而更甜。

　　蘋果甜不甜才是首要，好不好看是其次。經濟學家的知識不會幫助樓下賣雞蛋糕的小販生意變好，但另一個賣蛋餅非常成功的小販擁有的知識卻能幫助這個賣雞蛋糕的小販。

2. 預設場景

　　預設場景就是提前界定知識的邊界和對應要解決的問題。特定的知識都是在特定的場景下解決特定的問題。這類知識往往是具備專屬針對性與獨特性。而那些「放之四海而皆準」的知識通常是正確的廢話。

　　有了場景和邊界，相當於有了知識成立的條件。在設計知識產品的內容時一定要把這部分講清楚，要讓學員知道知識不是學會了、知道了就能為自己創造價值，而是要在特定的情況下使用，才有可能創造價值。

3. 謹慎承諾

　　我曾經看過一個教人發音的線上課程廣告文案：「讓你坐在家裡動動嘴就能賺到比上班更多的錢。」這個廣告暗示了只要購買這套課程，就不用上班，在家裡也能賺錢，甚至賺得更多。

　　一切承諾效果的知識付費產品都是銷售手法，可以使用，但要注意在銷售端挑起的情緒要在內容端有相應的內容承接。銷售端鼓勵用戶衝動消費，但內容端要注意謹慎承諾，讓學員回歸理性，把視野放在知識本身能解決的問題上。

知識變現未來怎麼走

知識變現的下半場該何去何從呢？

從目前知識付費市場的大環境來看，有五個知識變現領域在未來依然能夠維持較強的市場活力，其市場規模將長期保持穩定。

1. 剛性需求

學習是反人性的，大多數人能不學習就不學習，能不動腦就不動腦。但學習是社會進步和發展的階梯，而在人生的某些階段，只有學習才能讓自己進步，脫穎而出。這就會讓具備剛性需求性質的補充學習產品熱度居高不下，如提升考試成績的課外學習、入學考相關課外學習、英語學習等。這些領域的競爭通常比較激烈，但市場空間也最大、最穩定。

2. 企業端需求

能夠滿足企業端需求的知識產品商業價值比較明顯，企業願意付費，這類產品就會有市場空間。中國知識付費經過一段時間的發展，從知識產品的市場表現能夠得出結論，個人客戶的長尾效應並沒有戰勝企業端客戶的巨頭效應。在知識產品的消費上，企業客戶整體的付費能力遠高於個人客戶。

企業端的需求多元化，對應的知識產品也非常多元，這個特點不只表現在線上或線下培訓。線上的訓練營、線下的拓展訓練、直播連線答疑解惑、有方向性的諮詢顧問等，都是企業端客戶的需求。因此，面向企業端客戶的產品開發將大有可為。

3. 高勢能 IP ＋大流量

高勢能 IP 的價值依然存在，因為這類 IP 具備稀有度，例如吳曉波、蔡康永等人的知識產品依然具有比較高的價值。這類高勢能 IP 不只自帶

流量，而且更容易獲得比較大的流量資源支持。但這種模式也有缺點，就是必須由高勢能 IP 親自出馬，借勢者依然很難做大。

4. 女性及兒童

女性和兒童的消費能力最強，這早已經是商業界普遍認同的事實。在知識付費領域，這一點依然成立。女性如何變美的相關知識付費產品一直都非常熱門，兒童如何變得更好相關的知識付費產品也是熱度不減。當然，兒童類知識付費產品的主要消費客層則是兒童的母親。

5. 有益個人發展

成年人的學習訴求通常比較「功利」，他們更願意學習那些能讓自己獲得好處、能快速解決自身問題、有助於個人發展、能夠提高個人競爭力的知識。這就使專業證照考試輔導、專業領域技能、專業軟體操作等類型的知識能夠保有一定的市場空間。

除了以上五個領域，其他知識變現產品並非不能發展，但一定經不起「百家爭鳴」。其他的產品在短期內也許有市場，但從長期看，必須夠穩定才能說這是一個優質的產品。

舉個例子，「寫書哥」的社群裡有位媽媽，在她的微博粉絲只有一萬多人時，她開了個價格為人民幣 4,980 元（約 2.2 萬台幣）的培訓班，第一期就有一百多人報名，創造超過五十萬人民幣的營收。在如今知識變現已經愈來愈難的情況下，她是如何做到的呢？

1. 建立信任

這位媽媽做的是親子教育類知識產品，主要教父母教育子女。在自己小孩的成長過程中，這位媽媽自學了很多幼兒早期教育知識，她的小孩在各方面的學習表現都優於同年齡的小朋友，並且她在微博分享了很多親子教育的心得。有真實的案例，有成功的經驗，她的粉絲對此感同

身受，對她微博介紹的方法也非常認同，於是購買了這個知識產品。

2. 錯位競爭

市場上常見的針對孩子的知識付費產品主要是針對提升考試成績，例如加強從幼稚園到高中的各類學習，還有學前英語班等等。這些領域的客層是孩子，而且絕大部分市場已被資金實力雄厚、師資豐富的教育機構占領，一般人很難分食相關市場。這位媽媽的產品雖然是為了子女能好好學習，但目標對象是父母，與市場上的同類產品形成了錯位競爭。

3. 易售屬性

前面介紹五個市場空間比較大的知識變現領域，這位媽媽的知識產品占了二個。

（1）剛性需求屬性。子女教育是永遠的剛性需求產品，在經濟條件允許的情況下，幾乎所有家長都願意在子女教育問題投入預算。

（2）女性及兒童屬性。這位媽媽的知識產品是解決兒童的教育問題，主要面對的是女性用戶（母親），更容易銷售。

除此之外，這位媽媽的產品還有一定的焦慮屬性。當父母看到別人家的小孩比自己家的小孩更優秀時，一定很好奇為什麼別人家的小孩那麼優秀？有比較，就容易產生焦慮情緒。當這位媽媽給出解決方案（知識產品）時，就會有很多家長對此感興趣。

然而，問題來了，很多讀者一定會有這樣的疑問：當資金和人才資源都比較豐富的教育機構發現這個商機，大量投入資源進場後，也做出類似的知識產品，屆時這位媽媽的知識產品還有競爭力嗎？

競爭力依然存在。這位媽媽的變現方式不是單純的知識變現，還包含了黏著度變現，屬於黏著度變現＋知識變現。這位媽媽透過成立粉絲社群，和粉絲保持高度互動，進而獲得粉絲黏著度。高粉絲黏著度讓這位

媽媽的身分定位非常清晰，這是傳統的教育機構難以複製的粉絲黏著度。

面對企業客戶，知識如何變現

2016 年雖然開啟了中國知識付費元年，許多個人用戶自掏腰包學習線上課程，但與企業客戶的需求規模相比，個人市場依然是小眾市場。得到 App 於 2019 年的營收將近 6.3 億人民幣。這樣的營收在中國專門經營企業培訓單位的營收相較，只能算是中等。

關於成年人的在職訓練，企業客戶市場依然是知識付費的主力戰場，而且未來會一直持續這種狀態。企業客戶對知識的需求有以下特點：

1. 剛性需求

在職訓練對企業客戶而言是剛性需求。提升員工的工作能力能夠有效提升員工的工作效率，能夠從提升員工的績效，進而提升企業績效。對於企業客戶，好的在職訓練是企業提升業績的催化劑，因此企業端客戶有非常大的在職訓練需求。

2. 有預算

企業有培訓經費，這些經費最後都會轉化為各種培訓或學習。企業的培訓費用是大筆預算，因此企業對培訓產品價格的敏感度較低，對培訓效果的要求較高。只要培訓能夠達到好的效果，企業客戶是有能力支付更高的培訓費用。

3. 集中

相對於個人用戶比較廣泛的知識需求，企業端客戶對在職訓練的需求比較集中。企業端用戶的知識需求大多強調實用性，只有對企業有用的知識，才是有價值的知識。如果對個人有益，但對企業用處不大，這

樣的知識產品很難在企業端客戶有市場。

企業端客戶知識產品需求較大的類型如下：

（1）銷售管理類，包括品牌經營、提升銷售業績、市場營運、危機管理、新媒體行銷、客戶服務等。

（2）採購管理類，包括供應鏈管理、有效談判、降低採購成本等。

（3）人力資源管理類，包括加強組織效能、績效管理、員工激勵制度、人才留任與降低流動率、打造高績效團隊等。

（4）財務管理類，包括預算管理、有效融資、實現業務與財務融合、財務報表管理等。

（5）辦公技能類，包括 Excel、Word、PowerPoint、Photoshop 等辦公室應用軟體與繪圖軟體使用，以及影片剪輯、商務寫作、商務禮儀等。

（6）通用管理類，包括專案管理、團隊管理、溝通協作、人際關係、溝通、思考、解決問題、自我管理、進行覆盤等。

以上這些領域都是特別適合主打企業客戶路線的類別。想要打入企業客戶市場，如果有管道，我們可以直接與企業端接觸，嘗試直接與企業端窗口建立合作關係；如果沒有管道，我們可以與培訓單位合作，向培訓單位報價或與培訓單位約定分潤比例。

值得注意的是，雖然企業客戶的市場空間大，但競爭也不小，要獲得企業端市場的認同並不容易。對特定領域的知識需求，企業客戶在選擇時會有排他性，也就是當企業選擇了 A 就不會選擇 B。如何在競爭激烈的企業端市場中脫穎而出？我們可以在以下三個面向努力。

1. 勢能

高勢能比較容易順利進入企業的採購流程，甚至可能直接成交。個人客戶雖然對知識付費的價格比較敏感，但也比較容易產生衝動消費。

相對於個人客戶，企業客戶的採購流程比較理性，需要謹慎比較、層層把關。在這種情況下，高勢能 IP 往往更容易獲得企業的青睞。

2. 權威性

訴求個人客戶的 IP 可以經過包裝，門檻比較低，有些資歷比較不足的講師，也能被謀求利益的小單位包裝成「名師」，這也造成知識付費市場魚龍混雜的局面。但是這種做法在以企業客戶為主的市場很難成功，企業客戶需要真才實學，需要真權威，而不是經過包裝的「權威」。

3. 排他性

既然企業端市場的採購流程是優中選優，這就要求產品具備一定的排他性，或者具備唯一性或獨特性，要為企業客戶提供選擇的理由。具備排他性之後，將增加產品的附加價值，個人收益也可能倍增。

04 變現行動

◤▿流量變現、黏著度變現和知識變現並不是完全獨立的三種方法，這三種方法通常是結合在一起使用。使用這三種變現方法，找到適合自己的商業模式後，接下來就要採取變現行動。在開始變現行動之前，要計算最小生存單位，進行最小可行性方案，設計適合自己的變現漏斗結構。⊿◢

投入前應該思考什麼

在進入一個領域之前，除了思考這個領域本身的可能性，還要結合自己的實際狀況進行思考。在選擇變現方式之前，也要如此。為什麼別人教的方法沒有用？因為適合別人的不一定適合自己。

組裝一台電腦，不是每個零件都用到最好，這台電腦的性能就是最強，電腦的各個硬體之間的性能要互相匹配才能達到最佳效果。組裝一支手機如此，組裝一輛車如此，組裝一台機械設備也是如此。各方面都適配，才是最好。

個體在投入之前，應該思考什麼呢？

要思考最小生存單位。所謂最小生存單位，就是在這個領域中，經過自己最大的努力後，最小的獲益是多少？這個最小獲益能不能滿足自己的生存？如果能，那麼這件事就值得做。如果不能，這件事就不值得做。

許多人在選擇副業或自行創業時，第一時間想到的是如果有一天我

成了這個領域的頂尖會怎麼樣，也就是先假設自己在這個領域做到最好時能獲得什麼。但是這些都只是宏偉的畫面和美好的藍圖，許多人忽略了進入新領域可能存在的危機與風險。

在決定進入一個領域前，首先應該想的是：如果只能成為這個領域的後段班，會怎麼樣？也就是先假設在這個領域發展不如預期，能獲得什麼？這時候我們的目光就會聚焦到比較現實而具體的問題。

例如，王五原本有一份正職工作，兼職營運微博帳號。微博粉絲數突破十萬之後，王五每月收益大約有 4,000 ～ 6,000 元人民幣。王五也聽說，許多有數百萬粉絲的微博帳號主理人平均每月收入能超過 10 萬元人民幣。於是王五決定辭掉工作，全職營運微博帳號，目標就是超過三百萬粉絲和月入 10 萬人民幣。

有目標、有野心、有衝勁是好事，不過盲目樂觀就顯得不夠理智，畢竟市場上有太多不可控因素，這些因素不是靠勤奮就能避免。粉絲數會不會因為王五由兼職變全職而在短時間內大幅增加？收益必然會隨著粉絲數的成長而達到預期嗎？收益是穩定的嗎？這些問題的答案都存在不確定性。

那麼王五正確的思考方式是什麼呢？王五應該思考，如果他全心投入營運微博，粉絲數量並沒有明顯成長，收入也沒有明顯增加，依然是每月 4,000 ～ 6,000 元人民幣。這份收入能滿足日常生活開銷嗎？他能接受嗎？他能接受這樣的情況持續多久？王五應該定目標，做規劃，勤行動，但更應該提前思考最差的情況。如果最差的情況出現，他能解決生存問題嗎？

剛開始時，可以先進行最小可行性方案。所謂最小可行性方案，就是要在這個領域起步和發展，獲得最小生存單位需要的最小投入規模和最少行動方案。

隨著網路技術的發展，適合發展副業與自由工作者可選擇的領域愈來愈多。有些領域看似進入門檻低，但是獲利門檻高，也就是要獲得最小生存單位並不像進入這個領域那麼簡單。

例如，低門檻正是微信公眾號對外宣揚的產品特色之一。幾乎任何人都可以輕鬆擁有自己的微信公眾號。如果不考慮其他因素，一個人確實可以輕鬆利用閒暇時間經營自己的微信公眾號。

但微信公眾號的最小可行性方案並不簡單。也就是說，個人如果想透過微信公眾號獲得最小生存單位，獲得滿足自己生存的收益，不投入足夠的時間、沒選對方式，幾乎是不可能實現。

目前有許多頂尖的微信公眾號，背後不是傳媒公司，就是工作室，這些公眾號共同的特點，就是由非常專業的團隊運作。

除了微信公眾號，很多內容領域都具備進入門檻低但獲利門檻高的特點。因此在選擇進入內容領域前，要思考最小可行性方案。

投身市場是行動力強的表現，但在這之前要注意，要行動，但不要衝動。先往最壞處打算，想好了再做。開始時，要計算最小生存單位，先進行最小可行性方案。

如何設計變現漏斗結構

有效的變現模式為漏斗結構。漏斗從上到下依次變窄，代表每一級產品或服務的用戶數量相應減少。在電商領域，有一個經典的漏斗原理，如圖 6-1 所示。

曝光層（廣告曝光）指的是在網路上所有能看到產品相關資訊的潛在客戶。

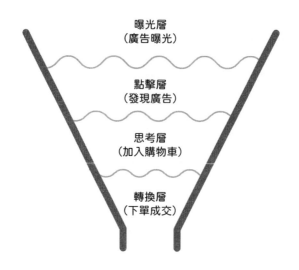

圖 6-1　網路電商領域的漏斗原理

點擊層（發現廣告）指的是發現產品資訊後感興趣，點擊進入產品頁面的潛在客戶。

思考層（加入購物車）指的是看完產品資訊後，經過思考、比較或進一步諮詢客服，有意下單的潛在客戶。

轉換層（下單成交）指的是達成交易、最終付款，完成產品購買的客戶。

漏斗原理不只適用於電商領域，在整個數位行銷領域都有比較廣泛的應用。

如下以淘寶網銷售羽絨衣的商家為例，說明買家購買羽絨衣的過程。

1. 曝光層

買家在淘寶搜尋關鍵字「羽絨衣」，可以看到大量商品圖呈現，此時很明顯，排名較前面的商品圖被買家看到的機會更大、更有優勢。

2. 點擊層

瀏覽之後，買家對部分羽絨衣感興趣，然後點擊商品連結，進入商品說明頁。也許買家在曝光層瀏覽了上千件商品，但只點擊其中十件查看詳情。也就是說，99％的商品被買家淘汰了。

3. 思考層

買家參考商品主頁，最後選出三件心儀的羽絨衣，有意購買，於是向客服詢問羽絨衣價格、款式、尺碼以及物流等情況。在這一層，買家同樣會淘汰大部分商品。

4. 轉換層

經過思考，最後選擇一款羽絨衣下單。買家付款，交易達成。

個體透過網路變現的過程也呈現漏斗結構。以我個人為例，我的所有產品共同形成了漏斗結構，如圖 6-2 所示。

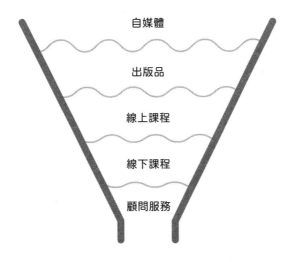

圖 6-2　我的產品漏斗結構

我的自媒體主要是純粹的導流作用。出版品是變現的第一步，出版品能夠變現，也能夠導流，能夠導入下一級的線上課程。線上課程同樣能夠變現，也能夠導流，可以導入下一級的線下課程。線下課程的主要功能是變現和轉化至下一級的顧問服務。

需要注意的是，具備變現能力的產品應該盡量發揮變現可能，不要把期望直接放在更下一級產品上。

例如，我身邊有人會說「我出書不是為了賺錢，是為了幫線上課程導流」。他出版了一本書，有一套線上課程在數個平台銷售。結果書和線上課程都銷量不佳。如果書籍銷售不起來，哪裡來的流量導引到線上課程呢？一門線上課程售價 99 元人民幣，比書本單價高，就算能透過書為線上課程導流，變現能力又如何？

我還聽過有人提「我做線上課程不是為了賺錢，是為了幫線下課程導流」。但是如果付費線上課程銷量不好，哪裡來的流量導引到線下課程呢？由免費線上課程導流而來的用戶，又有多少購買線下課程的消費能力呢？

類似的還有「我做線下課程不是為了賺錢，是為了幫顧問工作導流」、「我做顧問工作不是為了賺錢，是為了讓企業買系統」、「我做系統不是為了賺錢，是為了整合資源」……

為什麼變現那麼難

看完前文所提的商業模式和變現方法之後，也許會有讀者認為這太困難。但是，困難應該只是成為阻礙行動的問題，不應該成為阻礙「開始」行動的問題，因為人生本來就是艱難的。與其思考難不難，不如直接採

取行動。可以先發射,再瞄準。

不管夢想多美妙,計劃多周詳,如果不採取任何行動,夢想只能是空想。

正如中國詩人艾青所說:「夢裡走了千萬里,醒來還是在床上。」行動,才有可能成功;不行動,永遠不可能成功。

思考、準備,不是壞事。但過度思考,常常會成為行動的絆腳石。雖然未來是未知的,但即使走錯路也會有滿滿的收穫,永遠不要只停留在思考階段。

三思而後行,不是讓我們想太多做太少。世界上有些事,是我們在目前的視野看不清楚的,必須要先走兩步,而且要快。因為往往等我們深思熟慮,決定要行動的時候,才會發現,很多剛開始存在對我們有利的條件已經不見了。那時我們就會開始思考這件事還有沒有必要去做,而大多數情況都是,沒有行動的必要了。

「發展中有問題,就在發展中解決。」我們不能因為前期有問題就採取「等待」的思維,要先行動,在行動中找問題,在行動中找解決方法。我們要的是創造結果,而不是停留在思考層面或者美妙的藍圖之中。不完美的行動比完美的籌劃更重要,一個不那麼理想的結果總比沒有結果強!

是什麼「囚禁」了思想

大部分人認為的不自由,指的是被關進監牢,被囚禁,或行動不便這類身體無法隨自己意志移動的狀態。但其實是,思想上的不自由比身體上的不自由更可怕。即便身體遭到囚禁,但心在四海,那也是自由的;

即便身在五洲，但心被囚禁，那也是不自由的。

人的信念是怎麼來的？可能來自學習，例如，小時候掉進水裡被淹過，因此知道水可能會淹死人。可能是透過觀察他人的行為得到的結論，例如，小時候在班上看到其他同學調皮被老師懲罰，因此歸結出上課不可以調皮。可能是透過重要人物的灌輸而來，例如父母對子女說，人最重要的就是要有上進心，將來要有出息。

信念會讓大腦在面對同樣或類似的事情時，自發地去應對這件事，而不必讓人每次遇到類似的事情時都需要思考，進而提高運作效率。

例如，有位爸爸認為孩子的成績不好就是因為孩子不認真，這是一個信念。每次當孩子考試成績不理想時，他就責怪孩子不認真，不去想其他原因，看不到其他的可能。客觀地講，孩子成績不好，有可能是因為父母關係不好，影響了孩子，孩子想用成績不好來引起父母的關注；有可能是因為孩子不喜歡學校的老師；也有可能是因為孩子對課程不感興趣，確實不願學習。

因此，沒有哪一種信念在任何環境裡永遠有效。

有什麼樣的信念就會有什麼樣的行為，不同的信念帶來不同的人生成就。當一個信念限制我們向上提升、獲得更多可能性、獲得更多收益的時候，這個信念就變成限制性信念，這種信念直接帶來行為上的限制。當我們在思想上認為一件事情不可能時，在行動上自然就不會去做，因為信念認為做這件事不會有什麼好結果。

動物行為學家康拉德・勞倫茲（Konrad Lorenz）曾經研究過鴨子的行為，他發現剛出生的小鴨無論看見什麼會移動的物體，都會把那個物體當成自己的媽媽，跟著那個物體走。這個物體不一定是生物，連滾動的乒乓球都會被小鴨當成鴨媽媽！小鴨的大腦在出生的那一刻便形成了

一種限制性信念。

我們有時就如同剛出生的小鴨一樣，很多限制性信念一直在無意識地影響著我們的人生。我們經常會聽到有人告訴我們「你是做不到的」，而我們也信以為真。這些聲音可能源自於父母、師長，也可能來自比較親密的同學、朋友，甚至自己。他們也許沒有惡意，但他們的話會引發我們內心的恐懼與不安，讓我們害怕嘗試冒險，自我設限，生活也變得千篇一律、原地踏步。

常見的限制性信念如下：

1. 我沒有辦法

因為這個信念，很多人常常被困難阻礙。誰都沒有一帆風順的人生，我們總會遇到各式各樣意想不到的困難，但有這樣信念的人，會認為自己沒有辦法解決困難。

2. 我不會成功

因為這個信念，很多人很努力地工作，但到臨門一腳時往往出現擔心、害怕、憂慮等負面情緒，導致失敗。

3. 我太缺乏經驗了

沒有人天生就是有經驗的，每個人都要經歷一個從無經驗到有經驗的過程。許多創業成功的企業家不是因為有經驗才創業成功，而是從無數個小失敗和小成功中獲得了經驗，然後才獲得大成功。

4. 對我而言太晚了

什麼時候是早？什麼時候是晚？早和晚都是自己所定義。中國菸草大王褚時健超過七十歲才開始種柳橙，文藝理論作家吳亮到六十歲才出了自己的第一本小說。

怎樣消除限制性信念呢？

簡單而言，就是化被動為主動，化不可能為可能，盯著方法，而不是盯著現狀。消除限制性信念需要遵循五個步驟：困境、改寫、因果、假設、未來。

　　在這裡，我就以「我不會游泳」這個限制性信念為例說明。

　　1. 困境。「我不會游泳。」這是當下待解決的問題。

　　2. 改寫。「到現在為止，我還沒學會游泳。」原本在困境中描述的不會游泳是個固定狀態，沒有任何能改善這種狀態的暗示。改寫後，這個信念表示自己只是暫時還沒有達到某種狀態，暗示一個努力的方向和一種對達成狀態的預期。

　　3. 因果。「因為過去我沒有找到一位好老師和安排時間，所以到現在為止，我還沒學會游泳。」客觀評價，找出自己還沒有達成這種狀態的原因。

　　4. 假設。「當我找到一位好老師並安排時間，我便可以學會游泳。」這一步是在內心種下一顆希望的種子。

　　5. 未來。「我要去找會游泳的朋友，請他們介紹老師給我，並且調整我的工作安排，讓自己每個週六下午都可以去上課，這樣我將學會游泳。」為了達到那個狀態，要採取具體行動。

　　五個步驟完成後，這個人就已經完全消除「我不會游泳」這個限制性信念了。

第 **7** 章

個人品牌

個人品牌代表商業價值，代表勢能和競爭力。建構個人品牌不等於擁有流量，網路上從來不缺「網紅」，但真正有個人品牌意識的「網紅」很少。很多「網紅」也許在一段期間「大紅大紫」，流量很大，但也可能很快就「隕落」。建構個人品牌究竟有哪些誤區？如何建構個人品牌？

01 建構個人品牌的典型誤區

▚▽ 在網路世界，建構個人品牌比建構個人 IP 更難。什麼是個人品牌？個人品牌是大家對個體價值有非常強的群體認知。IP 的概念比品牌的概念弱一些。

羅振宇、羅永浩、吳曉波、樊登、郭德綱等人的個人品牌就建構得比較成功，而許多藝人是個人 IP，雖然他們在視覺上的辨識度高，但其人格化程度很低、區別度低，也許這些藝人的流量很大，但並沒有形成個人品牌。◿◢

有流量就有個人品牌嗎

許多人認為流量大就代表品牌強勢，覺得有了流量就有了個人品牌，於是不斷地追求粉絲數、文章觀看次數、按讚數和轉發數，追求曝光的機會。但是事實絕非如此。你可以想一下，網路上曾經有多少大紅大紫的人，現在早已銷聲匿跡。

我是中國第一代網民，算是資深老網友。因為上網比較早，那時父執輩會把我這種人稱做「網癮少年」。

那個年代在網咖上網一小時就要 3 元人民幣。當年 3 元的價值遠超過現在的 30 元。那個年代沒有微博，沒有微信公眾號，流量最大的是論壇和入口網站。

當時網路上的機會也很多，論壇裡已經有很多「網紅」了。這些「網

紅」也很努力，可是為什麼絕大多數「網紅」後來慢慢都消失了呢？因為他們空有流量，沒有品牌。沒有品牌，一個人就算能紅一時，也會很快被遺忘。如果一個人有個人品牌，雖然不一定能夠在一時之間「大紅大紫」，但能夠持續活躍。只要存在，只要有產品，只要卡對生態位或價值，個人品牌就能持續存在。

網路上流量大的人不計其數，慢慢消失的人也不計其數。流量不等於個人品牌，為什麼呢？

1. 流量只代表熱度，但個人品牌需要建構認知

什麼是品牌？品牌首先是由人的集體認知所形成，因此建構個人品牌的關鍵是建構集體認知。例如可口可樂，大家對可口可樂這個品牌的認知早就超過可口可樂產品本身，並且還賦予可口可樂很多其他的意義。有流量，只代表有熱度，有很多人關注。但有熱度，不代表大家有所認知。流量和熱度可以透過外部創造，但認知需要刻意由內而外去建構。

2. 流量千篇一律，但個人品牌是獨特的存在

流量不是因為網路才存在，只要人群聚集，就有流量。只是有了網路之後，大家對流量的認識就更清晰。流量的本質是人的注意力，網路上追求流量的做法都差不多，很多自媒體為了追求流量、追逐熱點而販賣焦慮，這些做法很難讓自媒體形成個人品牌。個人品牌應該是有差異性的獨特存在，需要比較高的辨識度。

3. 流量沒有生命，但個人品牌要樹立特有的形象

流量是冰冷的，是沒有生命的，但個人品牌需要有溫度，要有血有肉，要樹立特有的形象，例如肯德基的慈祥老爺爺形象。麥當勞曾經有個小丑形象，後來隨著部分影視作品把小丑恐怖化或妖魔化，很多人反映小丑形象有點恐怖，容易產生童年陰影，於是麥當勞的小丑形象就比

較少出現了。商業品牌都在擬人化，個人品牌本身就是人，當然也需要樹立特有的形象。

　　當然，流量並非不重要，打造個人品牌需要一定的流量基礎。流量固然重要，但有流量不代表就有個人品牌。建構個人品牌，若是只追求流量的成長，而不在意建構認知，那最後很有可能會失敗。

　　很多人覺得自己有個大流量的抖音帳號，有個大流量的微博帳號，因此就有個人品牌，其實這還遠遠不及達到個人品牌的程度。擁有流量，不代表就擁有個人品牌。此外，當個人品牌建構成功之後，其實它還會自帶一部分流量。

斜槓青年是個人品牌嗎

　　前幾年，「斜槓青年」這個名詞非常流行。近幾年興起透過副業賺錢就是由斜槓青年發展演化而來的。我之前聽人說「如何打造個人 IP」的話題，說當不知道如何定位時，可以把自己定位成斜槓青年。連那種有明確標籤的人都很難被人記住，更何況是什麼標籤都還沒有的斜槓青年呢？對建構個人品牌而言，斜槓青年不是加分選項，而是減分選項。

　　我就是在斜槓青年大為流行的時候開始在簡書寫文章，當時簡書很多人都說自己是斜槓青年。我當時也為自己貼了斜槓青年的標籤，說自己在正職工作的同時還寫作。當時我寫的都是職場故事、雞湯文，偶爾也寫寫老本行人力資源管理，但效果很差。

　　斜槓青年不等於個人品牌，為什麼呢？

1. 斜槓青年沒有標籤，個人品牌需要讓人難忘

　　建構個人品牌的第一步就是要讓人記住，最好能讓人難忘。人的記

憶力有限，在記憶陌生人時更傾向於為對方貼標籤。大部分的人都只能記住他人的一個標籤。例如，提起鞏俐，想到的是氣場強大的「影后」；提起韓紅，想到的是實力派歌手。可是斜槓青年的標籤太多，沒有重點，很難被記住，因此很難成為個人品牌。甚至在特定情況下，還可能讓人覺得不夠專一，反而引起反感。

2. 斜槓青年定位不清，個人品牌需要精準定位

定位的重要性在第 4 章已經提過。要創造價值，每個人都要找到自己的定位。有了定位，才可能有屬於自己的生態位。在商業世界中，生態位意味著價值位。占據關鍵價值位置，才能在自己所在的領域創造最大的價值。斜槓青年的定位不清，對應的生態位和價值位不清，很難做到價值最大化。

3. 斜槓青年難以出線，個人品牌需要單點爆發

斜槓青年涉足的領域通常都是比較淺層的，獲得的價值變現也是領域內比較低的。斜槓青年和非斜槓青年相比，有個必然的劣勢，就是斜槓青年的時間更加分散、不夠聚焦。時間不聚焦，對事物的理解就不夠深刻；對事物的理解不深刻，就不夠專業；因為不專業，所以和專業人士相比就不具備競爭力。

如今，網路各領域的競爭都非常激烈，專業人士都不敢說自己有多大的優勢，更不要說那些非專業人士了。

郭德綱說：「只有同行之間才是赤裸裸的仇恨。」我的同行也有人在背後說我壞話，看我的書賣得好，課程賣得好，看著眼紅。其實說這些話的人，許多人都是上班族。利用業餘時間寫書、做課程，以賺外快的心態做事。他們的書和課程賣得不好，仍然有固定的薪水可領。我是全心全意地做這件事，我的書和課程要是賣得不好，我就沒飯吃了。我

是在雨裡沒有傘需要拚命奔跑的人，跑得比較快有什麼可奇怪的嗎？

　　拿出所有時間全心全意做一件事都不一定能做好，更何況三心二意地做。建構個人品牌需要在一個領域內做到單點爆發，而不是跨領域。建構個人品牌，一定要專心做好一個領域，就算在那個領域成不了頂尖，也要嘗試進入前 20%，或者努力進入領跑集團。

專家身分是個人品牌嗎

　　常有人問我：「我在業內有超過二十年的工作經驗，是這個領域的專家，是不是很容易就可以在這個領域建構起個人品牌了？」

　　我的回答是：「專家身分和個人品牌之間有一河之隔，要找個合適的位置，建立一座穩固的『橋』，才能把專家身分和個人品牌聯繫在一起。」

1. 專家身分是類型定位，個人品牌需要高辨識度

　　專家身分是一種屬性定位，並不是個人品牌。例如，可口可樂是一種飲料，飲料可以解渴。飲料和解渴就是可口可樂這個品牌對應產品的類型定位。但沒有人會認為這就是可口可樂的品牌。可口可樂的品牌包含青春、熱情、溫暖等關鍵字。

　　以我為例，我的類型定位是實戰派人力資源管理專家。這個定位只代表我的功能屬性，很多人都可以是，但是我的個人品牌特質包含草根出身、實用知識輸出、解決問題、經歷挫折、不屈不撓、突破困境等關鍵字。

　　既然品牌的本質是一種集體認知，那麼集體認知是如何產生的呢？是透過故事，透過畫面感，透過口耳相傳，透過人的印象和感受所產生。集體認知如何傳遞？需要不斷地、重複地告訴用戶，品牌是依託於產品而存在，但品牌高於產品。產品決定了類型定位，但品牌有更高的定位。

專家身分就像一種提供特定類型產品或服務的能力，不是品牌。

2. 專家身分是功能標籤，個人品牌需要高親和力

專家身分只代表專家的功能，功能本身並不能給人留下深刻的印象，因此不能形成品牌。個人品牌需要親和力，需要有血有肉、有生命力。

我的胃不好，多次去醫院看胃病，讓我留下最深刻印象的醫師是一位四十多歲的女醫師。她在看診時提到她以前胃也不好，跟我分享了當時她有哪些困惑，平時如何養胃，因此我的看病體驗就特別好。

我有個朋友，是個人成長、目標管理方面的專家。有一次我去聽他的線下課程，由於順路，課後便送一位學員回家。路途中，學員和我說他覺得我的這個朋友更有親和力了。以前我朋友講課時，講的全是實用知識，舉的例子也都是些沒生命力的案例。這位學員覺得雖然講得都對，講得很好，但總覺得和他之間有種距離感，覺得他很神祕、高高在上。

後來我這個朋友在講課時會講一些生活化的場景，講一些自己的糗事，把個人生活化的一面展示給學員。這個轉變讓他在學員心目中的印象不再是原來那個高高在上的專家，而變成了一個更鮮活、更完整的形象。這樣做非但不影響他在學員心中的形象，反而讓學員更了解他、更喜歡他了。

02 建構個人品牌的三個關鍵

▌▽清楚了解建構個人品牌的誤區後，具體要如何建構個人品牌呢？要建構個人品牌，除了需要時間累積，需要不斷經營，需要勢能加持，還需要注意三個關鍵點，分別是解決問題、設計產品和實現差異化。◁◢

如何解決問題

我們是誰不重要，我們能解決什麼問題才重要。個人品牌一定要建立在能幫人解決問題的基礎上。這個世界上沒有任何一個品牌可以脫離基本經濟規律而存在，個人品牌也不例外。

什麼是基本經濟規律？供需就是基本經濟規律。有需求，供給才有價值。我們可以把需求方理解成個人品牌的受眾，把供給方理解成個人品牌。在建構個人品牌之前，首先要問自己，自己的個人品牌能幫人解決什麼問題。

吳曉波的個人品牌解決了大家希望了解前沿財經知識和最新財經新聞的問題。

羅振宇的個人品牌解決大家希望獲得通識類知識的問題。樊登的個人品牌幫助大家養成閱讀的習慣。

一個人的價值是由誰決定的？人是社會性動物，每個人都生活在社會之中，每個人都是社會人，都需要得到社會的認同。因此，每個人的價

值顯然不是完全由自己來感受和決定，而是包含社會的認同。社會靠什麼來判斷每個人的價值？當然是經濟規律，供需關係。誰解決的問題多，誰在社會上就具有高價值。

中國「打工皇帝」、微軟中國終身榮譽總裁唐駿的故事，或許可以帶來一些啟發。

1994 年，唐駿剛進入微軟。在人才濟濟的微軟，他只是一個微不足道的工程師。當時微軟正在向全球推廣 Windows 作業系統。微軟開發多語言版本的想法是先開發英文版，然後將英文版移植到其他語言版本。因此其他語言版本的 Windows 作業系統上市時間都比英文版晚上數個月。

唐駿希望改變這個狀況，他的想法是：改變 Windows 作業系統的核心構造，把英文核心變成國際化語言的核心，使移植大大簡化，最後做到多語言版本與英文版的進一步開發同步進行，同時可以大大節省人力成本。

於是，唐駿花了六個月的時間，每天下班後回家加班，將所有部分各做了一個具有代表性的模組，以充分地呈現他的想法正確性。方案初步成熟之後，唐駿向所屬副總裁報告並展示自己的研究成果。

副總裁聽了他在模組改善的專業意見後，成立了一個由三十人組成的專案小組，讓他當總經理，開創了作業系統多語言版本一次性開發、統一發布的歷史，不但為微軟搶市並增加數億美元的利潤。

唐駿為什麼能夠脫穎而出？這主要源自於他有三個了不起的地方：
1. 微軟多語言版本計劃需要數百位專家參與，陸續開發各個語言版

本，耗時、耗財又耗人力。作為新人的唐駿，並沒有抱著只是完成任務的態度工作，而是以綜觀全局的高度看到既有作法的局限。當然，相信看出問題的不只唐駿一人，因此光憑這一點唐駿還不能成為一流的員工。

2. 唐駿看到這個局限之後，決心要解決這個難題，並且立即採取行動，著手研發解決方案。當然，光有決心也不夠，還需要持續採取進一步的行動。

3. 他並沒有為了執行自己的想法而先與公司談條件，而是花了六個月下班後的私人時間悄悄地開發全新的解決方案。他研發解決方案的過程，並沒有影響自己原本的工作，也沒有損耗公司的財力、物力。

想像一下，當比爾．蓋茲發現公司內一個新進工程師拿出一個相當專業和成熟的模組改善方案，這個方案不只大大簡化原先的研發想法，能讓微軟 Windows 作業系統多語言版本同時上市，提前搶占市場，而且能讓數百人的專家團隊縮減至三十人……這樣的員工是不是會令比爾．蓋茲震驚不已、欣喜若狂？

唐駿的方案被微軟採納後，微軟任命唐駿出任專案小組的總經理。微軟的任命，是因為唐駿用他的專業能力為公司做出貢獻。唐駿說：「比其他人多做一點點，成功的機會就會比其他人多十倍。」多想、多做、多思考，才可以避免懷才不遇！許多人很聰明，一眼就能看出公司的問題，但有的人只會抱怨，有的人卻能夠解決問題、創造價值。

正是抱著幫助公司解決問題的心態做事，唐駿才能透過成就公司來成就自己。

如何設計產品

個人品牌一定要有產品或作品。所有的品牌一開始都是依附於產品而存在，沒有產品，品牌很難長久持續。如果是知識型 IP，最好的產品是什麼？當然是書。就算知識型 IP 不出書也不要緊，只要不斷寫作，不斷輸出文字內容，就是不斷輸出產品。

網路上曾經有兩位很紅的人物——芙蓉姐姐和鳳姐，她們都特別自信地展現自己的外貌，但是她們的外貌和自信形成強烈的對比，在當時引起廣大網友的關注，是中國比較早期的「網紅」代表。

芙蓉姐姐和鳳姐是個人品牌嗎？當然不算。當時她們在網路上確實有自己的生態位，但她們只具備消遣價值，她們的存在主要是承擔著網路的娛樂功能屬性。在當初那個網路內容遠沒有今天豐富的年代，芙蓉姐姐和鳳姐憑藉這個生態位紅了好幾年。

後來芙蓉姐姐和鳳姐為什麼又消失了呢？因為網路的內容漸漸更加豐富，平台愈來愈多，有了微博，有了微信公眾號，有了抖音 App，網路呈現「內容爆炸」的局面。這時芙蓉姐姐和鳳姐的劣勢就浮現出來了，她們只有功能，沒有產品。只有功能，就沒辦法成就個人品牌，自然會逐漸被人遺忘。

其實不是芙蓉姐姐和鳳姐「消失」，而是如今網路上有太多「芙蓉姐姐」和「鳳姐」，競爭太激烈，芙蓉姐姐和鳳姐也就沒有競爭力，再加上網友早就對這種類型的網路人物也無感了。沒有產品的「網紅」可能會帶來一時的新鮮感，但很難持久。

個人品牌不只需要產品，而且擁有的產品不能過於單一，要形成功能互補的產品矩陣。

秋葉大叔是一位大學老師，最早被大家熟知是從「秋葉PPT」開始。在部落格很流行的年代，他在部落格上輸出內容。後來被培訓單位發掘邀請，於是便開始針對PowerPoint的使用做企業內部培訓。後來，秋葉大叔出版了整套Office應用軟體系列的書籍，成為該領域圖書的頂尖作者。知識付費模式出現後，他又開始在網路上輸出Office相關主題的知識付費內容。

秋葉大叔沒有局限在Office類型，而是圍繞這個類型開發了更多的產品，形成了基礎產品、增值產品和延伸產品的產品矩陣。秋葉大叔的產品設計如表7-1所示。

表7-1　秋葉大叔的產品設計

產品類型	初級	進階	高級
基礎產品	PowerPoint 入門	職場 PowerPoint	寫作特訓營
增值產品	手繪	結構思考力	社群特訓營
延伸產品	大學英語四六級認證	DISC 雙證班	秋葉私房課

秋葉大叔的產品矩陣中，縱向的基礎產品是單價較低、面向大眾的核心產品；增值產品是在基礎產品之外，面對想要學到更多技能的用戶的產品；延伸產品是承接增值產品，面對想要進一步深入學習的用戶的產品。橫向的初級、進階和高級既對應著產品價格，又對應著內容深度和內容品質。秋葉大叔透過基礎產品獲得付費流量，透過其他產品獲得進一步的付費轉化。

值得一提的是，秋葉大叔的產品矩陣中有很多產品並不是由他獨自完成，也不是由他的團隊完成，而是和其他IP合作推出。在時間上，每

個產品都有各自的生命週期。在空間上，每個產品都有各自的目標用戶。因此單一產品必然具備局限性，但產品與產品之間的組合不只能夠形成產品矩陣，也能形成產品生態系統。當自身不能完成產品整合時，我們可以與其他人合作，形成互補的產品生態圈。

秋葉大叔除了建構個人品牌，還幫助團隊成員打造個人品牌。在他的團隊中有個人叫做鄰三月，主要負責母嬰類別的經營管理。鄰三月的個人品牌定位是「生活體驗家」，她的個人品牌的打造模式如圖 7-1 所示。

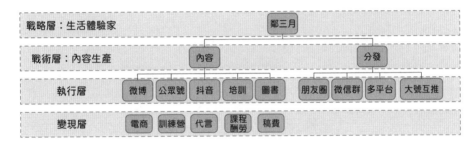

圖 7-1　鄰三月的個人品牌打造模式

根據產品功能屬性的不同，個體在設計產品類別時，可以分以下三類進行設計。

1. 導流類產品

導流類產品的主要功能是創造流量，這類產品存在的主要價值是獲得認知、獲得存在感和為自己導流。導流類產品的門檻要低，可以免費，可以低價，要盡可能吸引更多用戶。

2. 樹立口碑產品

樹立口碑產品主要功能是提高評價，這類產品存在的主要價值是讓粉絲或用戶對自己產生正面評價。樹立口碑的產品價格應該比導流類產品高，要有一定的價格門檻，但價格不能過高，要有比較高的 CP 值。

樹立口碑產品非常適合做「爆款」產品，因為這類產品的銷量達到一定程度後，本身便具備營利能力，有一定的利潤空間，同時因為有比較高的 CP 值，能夠獲得較多的正面評價，加強用戶黏著度，有助於向下一級產品轉化。

3. 金牛產品

金牛產品的主要功能是獲得利潤，這類產品存在的主要價值是提高變現能力。金牛產品可以設定較高的價格，服務高客單價的優質用戶。

三類產品的功能關係如圖 7-2 所示。

圖 7-2　三類產品的功能關係

個體透過導流類產品獲得流量，吸引用戶；透過樹立口碑產品獲得好評，加強用戶黏著度；透過金牛產品獲得利潤，增加品牌收益。

我有一位在個人目標管理領域經營的朋友，他每年的收入大約有五百多萬人民幣。包含他自己在內全職工作團隊一共有五人，兼職人員團隊有十人左右。他的流量雖然不大，但用戶黏著度非常高，在業內小有名氣。

他的產品一共有三種。

第一種是免費的線上課程產品，這是他的導流類產品。他會定期在各大社群進行目標管理相關主題的直播分享。秋葉大叔的社群就是他的合作夥伴之一。透過這類產品，他能夠在相關社群獲得認知，對他感興趣的人自然會關注他。

第二種是價格為 499 元人民幣的訓練營產品，這是他的樹立口碑產

品。他每年會舉辦幾期這樣的訓練營，教授目標管理的方法。這類產品的主要內容是工具和方法論，服務週期是二十一天，搭配練習和解答疑問環節與單元。

第三種是價格為人民幣 7,980 元和 16,980 元的社群產品，這是他的金牛產品。7,980 元是一年會員，16,980 元是終身會員。以一年會員為例，他和團隊會為會員服務一整年，年初和會員一起設定目標，以週為單位評估目標的達成狀況，每週還會有各類讀書或主題學習活動。

如何實現差異化

個人品牌的第三個關鍵字是差異化。差異化決定了個人品牌能不能被快速記憶。差異化代表獨特的存在，代表在市場上的不可替代性。

個人品牌一定要和他人有所區隔，才能顯示出獨特性。例如我當初在簡書寫文章時，給自己的定位是職場達人。職場達人就是個非常廣泛的標籤，任何人都能自稱職場達人。沒有差異化，很難建構個人品牌。

如何實現差異化呢？實現差異化可以採取以下四種辦法：

1. 類型差異

類型差異是指在定位領域上與其他個人品牌有所區隔。例如，當很多人都聚焦在大類的時候，可以選擇小類。當很多人都聚焦在小類的時候，可以對小類再進行細分。只要細分後的市場空間夠大，就可以用細分類別做個人品牌定位。

例如，有的人是銷售專家，主講銷售技巧。銷售是個大類，如何表現差異化呢？個人品牌定位可以落在房地產銷售專家、汽車銷售專家、保險銷售專家這些細分類。

房地產銷售專家類型可以細分為新成屋銷售專家和中古屋銷售專家；可以細分為城市都會區房地產銷售專家、偏遠城市房地產銷售專家、鄉鎮房地產銷售專家等；還可以細分為公寓銷售專家、大樓銷售專家、別墅銷售專家和豪宅銷售專家等。

2. 用戶差異

用戶差異是在服務對象與其他個人品牌有所區隔。例如，當很多人都聚焦在大企業用戶的時候，可以選擇中小企業用戶。當很多人都聚焦在中年用戶的時候，可以選擇銀髮族用戶或青少年用戶。當很多人都聚焦在基層職位時，可以選擇中高階職位。

我有個經營管理類自媒體的朋友，這類自媒體的一般做法是從職場工作者的角度抓住廣大上班族族群，進而快速提高自媒體的粉絲數。但他一反常態，站在老闆的角度，從老闆的視角寫企業管理。

這樣做的缺點是內容比較艱深，角度比較單一，有些視野不夠寬的職場工作者不喜歡看，好處是關注他的族群更聚焦，多數是企業中階以上的管理者和企業家。雖然他的自媒體用戶數量不多，但都是優質用戶。後來他開始進行線下活動，促成了多個內訓需求和諮詢顧問合作。他本人在企業家之間也小有名氣。

我還有個經營理財類型的朋友。她在網路上輸出內容的時間比較晚，這個領域裡的頂尖 IP 早就已經瓜分了大部分的市場。她如果走這些頂尖 IP 的路線，很有可能會以失敗告終。因此她轉變想法，頂尖 IP 主打的用戶主要是成年人，她就把自己的用戶族群聚焦在青少年身上，教青少年理財。

把目標用戶從成年人轉向青少年是個非常明智的選擇。父母都希望自己的孩子能盡早掌握理財知識，在未成年時對金錢有更好的認識，將

來成年之後就能夠更從容地應對財務問題。而且針對青少年的教育能夠讓自己獲得尚未成年者的認知，等這些用戶長大之後可能會產生進一步的轉化。這種用戶差異讓她迅速崛起，她很快就擁有了自己的第一批忠實用戶，找到了屬於自己的領域。

3. 方向差異

方向差異是在內容方向上與其他個人品牌有所區隔。例如，當很多人都在講如何成功的時候，可以講如何避免失敗。當很多人都在說「是什麼」或「為什麼」的時候，可以說「怎麼做」。當很多人都在講如何向下管理的時候，可以講如何向上管理。

吳曉波一開始打造個人品牌時就有意識地形成方向差異。吳曉波以前是財經記者，他的崛起是從成為暢銷書作家開始。當時很多人出書寫的都是企業成功案例，但吳曉波寫的是企業失敗案例，透過對失敗案例的了解，讓企業避免失敗，吳曉波成了暢銷書作家。吳曉波在大家對他不熟悉時選擇這個差異化角度非常明智。

4. 產品差異

產品差異是在個人品牌提供的產品或服務上有所區隔。例如，當很多知識付費的內容是線上有聲課程時，可以提供線上影音課程。當線上影音課程發展以後，可以提供線上直播課程。當線上直播課程多了之後，可以提供線上訓練營。當線上訓練營多了之後，可以提供線下課程。當線下課程多了之後，可以提供行動實踐課程，之後，還可以提供實地參觀課程……依此類推。

03 寫作是建構個人品牌的最好方法

◤◸對一般人而言，建構個人品牌的最好方法是寫作。一是因為寫作的成本低，可以立即開始；二是因為寫作是一種能力，可以透過培養和訓練獲得，而且不需要資源或資金的支持；三是因為寫作的上限很高，透過寫作實現財務自由的大有人在。◿◢

一般人如何透過寫作「逆襲」

英國公共廣播公司（BBC）電視台有一部著名的紀錄片《成長系列》（*Up Series*）。這部紀錄片的導演是麥可・艾普特（Michael Apted）。他從 1964 年開始採訪來自英國不同階層的十四位七歲小孩，他們有的來自孤兒院，有的來自上流社會。此後每隔七年，導演都會採訪這些人，記錄他們的近況。

許多人看完這部紀錄片之後感慨社會階層固化，流動不易。紀錄片彷彿在傳達：人的出身決定了未來的發展，社會階層似乎難以突破。

然而，許多原本生活不如意的人，透過寫作改變了自己的階層，讓自己在原本社會階層的基礎上有了跳躍式的發展和進步。

說說發生在我身邊的事。

我有一個朋友的朋友，在我寫這本書的一年前，他的主業是北京一家規模三十人的公司總經理，他還有個身分是暢銷書作家，他在一個知名

的學習平台有自己的線上課程。時間再往前推五年，他那時只是一個愛讀書的人，剛進職場不久，跟著職場前輩打拚。但是在我寫這本書的時候，他的身分已經是查理‧蒙格（Charlie Munger）在中國的合夥人之一。蒙格是股神巴菲特的搭檔。蒙格和巴菲特聯手打造了波克夏的投資神話。可以說，蒙格是一個站在世界金字塔頂端的男人。

我的朋友說起他這位朋友，說他們曾經舉辦過一場會議，與會的每個人都要說出一個與自己興趣相關的「大目標」。由於我朋友的朋友說自己對思維模型很感興趣。因為思維模型非常有利於解決問題，思維模型的鼻祖是誰呢？是蒙格。因此他當時就為自己定了一個大目標，說自己在有生之年，要和蒙格建立聯繫。

當時在場的人沒有半個相信他能達成目標，大家不相信他的原因不只是因為他那時只是個普通人，還因為那時蒙格已經九十歲了。一個普通的年輕人，說自己在有生之年要和蒙格建立聯繫。這個年輕人可以一邊奮鬥一邊等，可是誰知道蒙格能不能等呢？沒想到，他的這個大目標如今真的達成了。

他是如何實現與蒙格建立聯繫的這個目標呢？

據他自己回憶，他當初其實也不敢相信這個目標能夠實現。但因為有了這個宏大的目標，他在做決策、做事情時都會朝這個方向前進。而他走的第一步，就是開始了自己的自媒體寫作。透過自媒體寫作的累積，他寫出了一本關於思維模型的暢銷書。

從有自媒體寫作的想法開始，他就和蒙格之間產生了關聯。從他的書上市到暢銷，他與蒙格之間的距離愈來愈近。蒙格知道他，並對他產生興趣，這本書有非常大的助推作用。而他現在所處的環境，他看世界的眼界和高度，已經和原來的自己完全不同。

如何選擇寫作形式

在網路時代，個體崛起比較常見的寫作形式有四種。

1. 自媒體寫作

自媒體寫作指的是在微信公眾號、微博、今日頭條、臉書以及其他一系列適合建構個人品牌、能夠在網路傳播的媒介寫作。在一些流量大的平台寫作也是自媒體寫作的一種形式。自媒體寫作是網路時代最常見、門檻最低的寫作形式，任何人都可能透過自媒體寫作在網路時代崛起。

2. 問答類寫作

問答類寫作指的是透過知乎、微博問答、百度知道等問答類管道，針對平台或用戶提出的問題進行回答的寫作。問答類寫作需要寫作者具備一定的專業知識，要求寫作內容嚴謹、扎實、深入淺出，比較適合在特定領域內有深入研究的人。

3. 出版品寫作

出版品寫作指的是為了在公開出版的圖書、雜誌、報紙等印刷品發表內容而進行的寫作。出版品寫作有一定的門檻，除了需要在特定領域內有比較深厚的專業累積，還需要具備將專業知識邏輯化、結構化和模組化的能力，以及持之以恆寫作的能力。

4. 學術類寫作

學術類寫作指的是學術領域的期刊、論文等方面的寫作。學術類寫作需要的寫作能力不亞於出版品寫作。對建構個人品牌而言，學術類寫作的主要價值是累積自己在學術領域的貢獻，同時可以為其他寫作形式累積素材。

這四種寫作形式具有不同的特點，其比較如表 7-2。

表 7-2　四種寫作形式的特點比較

寫作形式	寫作 難易程度	閱讀 用戶數量	閱讀 用戶黏著度	對讀者認知 的影響力	商業轉化 難易程度
自媒體寫作	較易	大	中	小	低
問答類寫作	中	小	強	大	中
出版品寫作	較難	中	強	大	中
學術類寫作	較難	小	弱	中	高

　　我們可以根據自身目前所處的狀態以及未來的定位與規劃，選擇適合的寫作形式開始寫作。選定寫作形式之後，應該深耕細作、用心經營，切忌頻繁更換。如果時間和精力允許，可以多種寫作形式同時進行。例如，我主要的寫作形式是自媒體寫作和出版品寫作。

　　這四種寫作形式並非完全獨立，在有些情況下，四種寫作形式之間能夠相互轉化。專心寫好其中一種形式，有時候也能為其他形式的寫作提供內容累積，但轉化的時候要注意內容的相容性。

　　自媒體寫作的內容通常是為了追求閱讀、按讚、轉發和評論的數量，因此在自媒體寫作中，用詞要更加口語化、網路化，能以影片、圖片或貼圖表達的內容，就不宜用文字表達。將自媒體寫作的內容轉化為同樣在網路上傳播的問答類寫作內容相對容易，但如果要直接轉化為出版品寫作或學術類寫作內容，則需要進一步的加工。

　　問答類寫作是四種寫作形式中彈性最大的。問答類寫作的目的比較明確，主要是解決某個實際的問題。根據內容的特點，問答類寫作的內容往往可以相對容易地轉化為其他三種寫作形式的素材。

　　出版品寫作和學術類寫作的內容比較嚴謹，兩者之間相互轉化比較容易，有時候也可以直接轉化為問答類寫作，但如果要轉化為自媒體寫

作的內容，一般需要進一步的加工。

如何養成持續寫作的習慣

許多知名作家都會把寫作當習慣，這正是我學習的榜樣。日本作家村上春樹說自己每天堅持寫作四千字。

寫作靠的是習慣，而不是靈感。寫作與靈感之間的因果關係，並不如大家想像中那麼強烈——因為靈感來了，所以才開始寫作，而是透過堅持寫作，靈感愈來愈多。

我的大學生活過得非常不受拘束，經常蹺課到網咖打電動。快考試了，大家都在圖書館自修室忙著複習，我在自修室裡看了十五分鐘書就坐不住，不是和同學聊天，就是又跑去網咖打電動。

我開始寫作後，刻意讓自己養成寫作的習慣。一開始，我讓自己每天養成寫東西的習慣，只要寫就可以，不追求字數。後來，我慢慢每天寫一千字、兩千字、三千字，直到現在養成平均每天至少寫五千字的習慣。這個習慣已經成了我的「強迫症」。有個網路用語叫「懶癌」，指的是因為懶惰而拖延，無法完成目標。因為養成了寫作習慣，我發現自己彷彿得了一種和「懶癌」相反的「病」，這種「病」，就是習慣。

每天寫完五千字，我才覺得這一天過得有意義。寫不完五千字，我就感覺像早上起床之後沒有刷牙洗臉一樣。出差花在路途上的時間比較長，有時候不方便用電腦，我就用手機寫。有一次搭飛機，空服員多次來提醒並檢查我的手機，確認我是否調整到飛航模式，大概是看我很投入，以為我在用手機聊天。我的手機基本上不是用來聊天的，除了打電話和學習，我的手機主要就是我的行動寫作設備。

刷牙洗臉這類事情比較簡單，因此透過採取行動養成習慣比較容易。寫作不像刷牙洗臉那麼簡單，要展開行動，養成寫作習慣，就需要為自己設定一個正向回饋。有了正向回饋，人的行為和習慣才能進入一個加強迴路中。

養成寫作習慣的加強迴路如圖 7-3 所示。

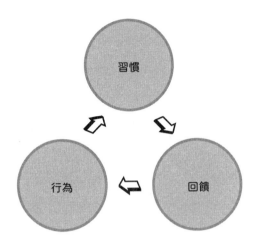

圖 7-3　養成寫作習慣的加強迴路

所謂回饋，指的是當我們做出某種行為時，周圍環境對這個行為產生的作用。持續地行動產生習慣，好的習慣會帶來正向回饋，進而促使我們產生行為。相反地，如果遇到負向回饋，那我們行為和習慣就會進入一個減弱迴路。

在寫書之前，我的正向回饋來自發布在自媒體平台上的文章有人按讚、評論。當我寫第一本書時，我的正向回饋來自馬上要出書而產生的神聖感。我現在寫書的正向回饋來自書籍銷量，這是市場對我創作價值的肯定，鼓勵我繼續努力。

我們在養成寫作習慣的過程中，獲得正向回饋的方式有很多。例如，加入寫作訓練營，大家都堅持寫作，相互監督、評價、學習，透過社群帶來正向回饋。

開始投入寫作時，一定有段時間會看似沒有產出。這段時間也許令人感覺漫長，但努力不會白費。就像寫書法的人在成為書法家之前，練習時寫的字是沒有價值的，有價值的是他成為書法家之後寫的字。可是如果書法家沒有大量地練字的這段時間，也不可能成為書法家。

物理學有能量守恆定律，寫作同樣遵循能量守恆定律。寫作的能量守恆定律的關鍵是，時間在哪裡，結果就在哪裡。要養成寫作的習慣，提高寫作能力，輸出寫作內容，必然要投入大量的精力，必須要有長時間的練習。

許多人既想得到好結果，又不願意付出時間和努力，想要寫作，卻把時間浪費在與寫作無關的事情上。如果連時間和努力都捨不得付出，又談何成長？

想要好好寫作，就要做好以下三點：

1. 尋找時間

寫作要投入時間，但不一定是連續、完整的時間。對許多人而言，也許無法有完整的時間來寫作，這時候可以把寫作當成副業，或者當成生活中的隨筆紀錄，運用零碎、不連續的時間寫作。

我還在職場時，午餐後大約有半小時近一小時的休息時間，我會利用這段時間寫作。每天下班吃過晚餐，我會用二至四小時集中寫作。搭乘大眾交通工具時，我會用電腦或手機寫作。創業後有更多能夠自由支配的時間，我對自己的要求是每天工作十四小時，其中至少六小時用來寫作。

2. 屏蔽干擾

有許多人進入寫作狀態比較慢，而且進入寫作狀態後的專注度低。如果寫作過程受到干擾，很可能讓原本順暢的寫作難以為繼，因此寫作過程要盡量屏蔽外界的干擾。

我寫作時會想辦法屏蔽干擾。例如把手機調成靜音，只有手機設定的鬧鈴會響。我用微信幾乎不看朋友圈，只發送和接收訊息。我會屏蔽一切無效的社交活動，不參加無意義的聚會。我用電腦或手機上網時，會屏蔽一切推播的熱門消息、新聞或廣告。

3. 不要糾結

一個人在某個方面投入的時間多，在其他方面投入的時間自然就會少。如果選擇把自己的時間投入寫作，就安心投入，努力在寫作上做出成果，不要糾結自己在其他方面可能沒有成果。

我在寫作投入了大量的時間和精力，才成了暢銷書作家。「寫書哥」在微博投入了大量的時間和精力，才成了文字類博主。反觀我身邊的很多朋友，想得太多、做得太少，最後自媒體、社群經營普通，書也沒寫出來。

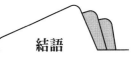

 行動高於一切

　　看到這裡，也許很多人心裡會有這樣一個問題：「這本書的內容可靠嗎？按照這本書介紹的方法執行我就能崛起嗎，就能變成有錢人嗎？」

　　是不是每個人看完這本書都能崛起我不敢保證，但我敢保證的是，如果有人不想在網路時代成長與發展，不想崛起，不想變成有錢人，只要完全不照本書介紹的方法，全部都反著來一定能做到。

　　曾經有位朋友問我：「我發現身邊有許多人，他們為自己定下目標後，總能堅持執行自己的目標，而我卻不行。我有兩個很要好的朋友，本來我們三個人的情況都差不多。後來有一位朋友開始在電商平台創業。他剛開始時在賠錢，賠了兩年以

後就開始賺錢，現在他一年的營業額有數千萬，生意做得風生水起。」

「另一位朋友，從兩年多以前開始透過寫文章在自媒體平台輸出，每週輸出三篇文章。現在他各個平台的粉絲數加在一起已經超過十萬，他開始準備自己的培訓課程變現了。而我，還是原來那樣。其他人都在走向成功，好像只有我停留在原地。你說為什麼會這樣？你能不能寫一篇文章幫我分析一下這是為什麼。」

我說：「其實不需要一篇文章，一句話就夠了。因為其他人在『做』，而你在『看』。」

許多人常說，只要我稍微用用功，我也能變得很厲害。是的，厲害的人和一般人一樣，沒有什麼特異功能，也不是什麼天才，更不是生下來就會飛。他們和一般人唯一的差別是，很多事情他們真的堅持行動了，而一般人沒有。開始的時候，其他人還能望其項背，久而久之，就望塵莫及了。

新東方教育科技集團創始人俞敏洪說：「所有的人都是凡人，但所有的人都不甘於平庸。我知道很多人是在絕望中來到了新東方，但你們一定要相信自己，只要艱苦努力，奮發進取，在絕望中也能找到希望，平凡的人生終將發出耀眼的光芒。」

生活讓我們不得不面對自己身上的缺陷和弱點。現實會一次又一次地提醒我們，我們不是一個完美的人，需要改變。但是人是懶惰和脆弱的，大部分人選擇麻痺自己，轉向短期的即時滿足。只有少數人選擇改變自己，於是就會有痛苦、有反覆、有放棄，卻也有成功。

一個行動勝過無數個空想，不要讓自己的夢想只是「想想」。離開那溫暖的舒適圈吧，即便只是一個小小的目標，行動起來才有可能實現，小目標的累積也會變成大成就。只有行動，才能把自己塑造成心目中的樣子。

為什麼懂了那麼多道理，卻依然過不好這一生？

因為其他人在「做」，而你在「看」。

每一個優秀的人格、每一個成熟的心智，都是經歷了多次自我改造和行動的結果。沒有試圖改變自己的人，會繼續重複自己日復一日的生活，看那些早已厭倦的風景；而對於正在改變和行動的人而言，每一天都是新的。只有我們自己堅持信念，並積極地投入其中，腳踏實地去改變、去實踐、去行動，才有可能獲得屬於自己的精采！

豐富 002

成長勢能

做擅長的事，擴大影響力與能力變現

作　　者：任康磊
責任編輯：祝子慧
文字協力：許景理
封面設計：乾單
內頁排版：乾單
印　　務：江域平、黃禮賢、李孟儒

副總編輯：林獻瑞
主　　編：祝子慧、李岱樺

社　　長：郭重興
發行人兼出版總監：曾大福
出　　版：遠足文化事業股份有限公司　好人出版
地　　址：231 新北市新店區民權路 108 之 2 號 9 樓
電　　話：02-2218-1417
傳　　真：02-8667-1065

發　　行：遠足文化事業股份有限公司
地　　址：231 新北市新店區民權路 108 之 2 號 9 樓
電　　話：02-2218-1417
傳　　真：02-8667-1065
電子信箱：service@bookrep.com.tw
網　　址：http://www.bookrep.com.tw
郵政劃撥：19504465　遠足文化事業股份有限公司

法律顧問：華洋法律事務所　蘇文生律師
印　　製：中原造像股份有限公司

初版一刷：2022 年 8 月 10 日
定　　價：480 元
ISBN：978-626-96295-0-3
EISBN：9786269629527(EPUB) / 9786269629510 (PDF)

國家圖書館出版品預行編目（CIP）資料

成長勢能:做擅長的事,擴大影響力與能力變現
任康磊著 . -- 初版 . -- 新北市
好人出版:遠足文化事業股份有限公司發行, 2022.08
面；　公分 . --（豐富 Rich；2）
ISBN 978-626-96295-0-3（平裝）

1.CST：職場成功法

494.35　　　　　　　　　　　111010078

讀者回函 QR Code
期待知道您的想法